砷碱渣中物质的结晶与分离

曾桂生　上官平　著

北　京

冶　金　工　业　出　版　社

2016

内 容 提 要

　　本书综述了现代砷碱渣的处理技术，并重点讨论了结晶方法在砷酸钠复合盐处理上的应用，详细分析了砷酸钠、硫酸钠在超声、磁场情况下的结晶热力学和动力学性质，以期为砷酸钠复合盐的高效分离提供比较完整的理论基础和技术指导。

　　本书可作为环境工程、冶金工程相关的研究人员、本科生、研究生学习使用。

图书在版编目（CIP）数据

　　砷碱渣中物质的结晶与分离/曾桂生，上官平著. —北京：
冶金工业出版社，2016.5
　　ISBN 978-7-5024-7206-1

　　Ⅰ.①砷…　Ⅱ.①曾…　②上…　Ⅲ.①炼锑—废物处理
Ⅳ.①X758

　　中国版本图书馆 CIP 数据核字（2016）第 059979 号

出 版 人　谭学余
地　　址　北京市东城区嵩祝院北巷 39 号　邮编　100009　电话　（010）64027926
网　　址　www.cnmip.com.cn　电子信箱　yjcbs@cnmip.com.cn
责任编辑　杨盈园　美术编辑　杨　帆　版式设计　杨　帆
责任校对　卿文春　责任印制　牛晓波
ISBN 978-7-5024-7206-1
冶金工业出版社出版发行；各地新华书店经销；固安华明印业有限公司印刷
2016 年 5 月第 1 版，2016 年 5 月第 1 次印刷
169mm×239mm；7.25 印张；140 千字；107 页
38.00 元

冶金工业出版社　　投稿电话　（010）64027932　投稿信箱　tougao@cnmip.com.cn
冶金工业出版社营销中心　电话　（010）64044283　传真　（010）64027893
冶金书店　地址　北京市东四西大街46 号（100010）　电话　（010）65289081（兼传真）
冶金工业出版社天猫旗舰店　yjgycbs.tmall.com
　　　　　　　　　（本书如有印装质量问题，本社营销中心负责退换）

前　言

中国锑资源世界第一，锑冶炼产生的砷碱渣数量也很大。目前，我国砷碱渣的堆存总量已达到 20 多万吨，且每年还有 800~1000 吨左右的增加量。砷碱渣中砷含量为 10%~15%，污染物主要以可溶的砷酸钠的形式存在，国内已发生多起因贮存不当泄漏而造成中毒的事件。砷碱渣若处理不当，将对环境和人类生命安全造成严重威胁。目前，化工技术难以实现砷碱渣有害物质的分离，传统焙烧、填埋等处理方式会造成更严重的二次污染。处置砷碱渣的关键技术之一是采用合适的结晶方式把砷酸钠从其复合盐中有效分离出来。现有常规的砷酸钠蒸发—冷却结晶工艺是一种已应用的处理分离砷酸钠的技术，但是砷酸钠的热物理特性与废渣中其他物质极为相近，高效分离砷酸钠面临极大的挑战。由于砷酸钠及其复合盐的介稳区宽度、结晶诱导期等热物性数据缺乏，人们对结晶过程成核和生长动力学不了解，导致结晶工艺过程难以控制，难以实现砷碱渣中复合盐主要成分砷酸钠、碳酸钠等的彻底分离。目前国内外未见砷酸钠相关热力学参数测定的权威报道，涉及砷酸钠结晶的理论研究也很少。因此，深入掌握砷酸钠的相关热物性，研究砷酸钠结晶的热力学和动力学机制，综合各种有效分离技术，就能从根本上实现砷酸钠的高效分离，提高资源利用率。

本书通过对大量文献资料的收集和整理，从四个方面介绍了我国当前在锑冶炼以及冶炼过程中所产生的环境污染物砷碱渣处理的现状、存在问题、高效分离技术的研究，以期为后续的砷碱渣高效处理技术的研究和发展提供有效的理论和数据支持。具体内容如下：

（1）对砷碱渣中主要有毒污染元素砷及其相关化合物进行了详细

的说明，介绍了锑冶炼过程中砷碱渣的产生及其复合盐中主要物质砷酸钠、硫酸钠、碳酸钠等，阐述了砷碱渣分离处理的意义和存在的问题。

（2）对锑冶炼所产生砷碱渣处理的文献以及其他相关资料进行了整理，总结了当前砷碱渣处理方面的技术以及在大规模工业实践中处理技术的应用现状。

（3）砷碱渣中最主要的成分砷酸钠复合盐的有效分离对砷碱渣的无害化和经济效益化处理有着重要的意义。通过列举和对比当前的一些砷酸钠复合盐分离技术，指出结晶分离技术是目前最有效的分离砷酸钠复合盐的技术，但是也存在着一些重要问题，就是相关化合物的结晶性质数据缺乏，因而难以进行有效的结晶分离。

（4）当前研究结晶技术的热点就是在结晶过程中引进外场，如超声场、磁场等。外场的引入可以加快结晶速度，提高晶体的品质。要想通过结晶分离的方法有效分离砷酸钠复合盐，就必须了解复合盐中主要化合物硫酸钠、砷酸钠的结晶性质。为此，本书实验研究测定了硫酸钠和砷酸钠在超声场和磁场条件下的相关结晶性质的数据。

本书部分实验工作由研究生李慧、王贤勇、上官平完成，在此表示感谢。对本书中参考文献的作者们表示感谢。

感谢国家自然科学基金（51238002、51266011、51568050）的资助，感谢南昌航空大学对本书出版的支持。

书中若有不妥之处，望读者批评指正。

作 者
2015 年 12 月

目 录

1 砷碱渣的危害

1.1 砷

砷（arsenic）是一种知名的化学元素，第一次有关砷的记录是在 1250 年，由德国的大阿尔伯特记录，他首次分离出自由状态的砷。

砷是一种以有毒著名的类金属，并有许多的同素异形体，黄色（分子结构，非金属）和几种黑、灰色的（类金属）是常见的种类。三种有着不同晶格结构的类金属形式砷存在于自然界（严格地说是砷矿和更为稀有的自然砷铋矿和辉砷矿），但更容易发现的形式是砷化物与砷酸盐化合物，总共有数百种的矿物已被发现。砷与其化合物被运用在农药、除草剂、杀虫剂与许多种合金中。最常见的化合物为砷的氢化物 AsH_3 或称胂。砷以三价和五价状态存在于生物体中，三价砷在体内可以转化为甲基或甲基砷化物。

公元 1 世纪希腊医生第奥斯科里底斯叙述烧砷的硫化物以制取三氧化二砷，用于医药中。三氧化二砷在中国古代文献中称为砒石或砒霜。小剂量砒霜作为药用在中国医药书籍中最早出现在公元 973 年宋朝人编辑的《开宝本草》中。

公元 4 世纪前半叶，中国晋朝大炼丹家葛洪（283~363）在他的名著《抱朴子·仙药篇》中记载了可以制取单质砷的方法。不过由于原文属提要性质，叙述过于简单，长期以来没有人对它作出解释，因而在化学史上被忽略了。但葛洪所记载的方法有可炼单质砷这一点是确凿无疑的。这是世界上关于炼制单质砷的最早的可靠记载。

西方化学史学家们一致认为从砷化合物中分离出单质砷的是 13 世纪德国炼金家阿尔特·马格努斯，他是用肥皂与雌黄共同加热获得单质砷的。比中国的葛洪大概晚了 900 年。据史书记载，约在 317 年，中国的炼丹家葛洪用雄黄、松脂、硝石三种物质炼制得到砷。到 18 世纪，瑞典化学家、矿物学家布兰特阐明砷和三氧化二砷以及其他砷化合物之间的关系。拉瓦锡证实了布兰特的研究成果，认为砷是一种化学元素。

1.1.1 元素描述

砷矿石有黄、灰、黑褐三种同素异形体，其中灰色晶体具有金属性，脆而硬，有金属般的光泽，并善于传热导电，易被捣成粉末，密度为 $5.727g/cm^3$，熔点817℃（2.8MPa（28个大气压）），加热到613℃，便可不经液态，直接升华，成为蒸气。砷蒸气具有一股难闻的大蒜臭味。砷的化合价为+3和+5。第一电离能为9.81eV。游离的砷是相当活泼的，在空气中加热至约200℃时，有荧光出现，至400℃时，会有一种带蓝色的火焰燃烧，并形成白色的氧化砷烟。游离砷易与氟和氮化合，在加热情况下亦与大多数金属和非金属发生反应，不溶于水，溶于硝酸和王水，也能溶解于强碱，生成砷酸盐。

砷的化学性质与和它同一族的元素磷相近。就像磷一样，它可以化合出无色、无臭、结晶型的氧化物——三氧化二砷与五氧化二砷，这两种化合物皆可潮解且在水中的溶解度极高并生成酸性化合物。

当在空气中加热时，砷被氧化成三氧化二砷，在反应中产生的蒸气有种很类似蒜的气味。此种蒸气可以在用槌子敲打砷黄铁矿的时候被发现。

1.1.1.1　砷元素存在形式、范围

砷有三种存在形式：零价（As）、三价砷（arsenite）、五价砷（arsenate），其化合物对哺乳动物的毒性由砷的化合价数，有机或无机，气体、液体还是固体，溶解度高低，粒径大小，吸收率，代谢率，纯度等来决定。

砷在地壳中含量并不大，有时以游离状态存在，无论何种金属硫化物矿石中都含有一定量砷的硫化物。因此人们很早就认识到砷和它的化合物。

自然界中火山喷发、含砷的矿石中有砷存在。在工厂中，砷是熔炼炉（铅、金、锌、钴、镍）的副产品，其他有可能存在砷的情况如下：

（1）自然界：含砷的矿石、地下水。

（2）商业产品：木材保存剂、杀虫剂、除草剂、防真菌剂、棉花干燥剂、油漆及颜料、含铅汽油。

（3）食物：某些酒（若栽培的葡萄喷洒含砷的农药）、烟草、海产（尤其是贝类）。

（4）工厂：燃烧石化燃料、燃烧以砷化铜处理的木材的工厂，电子产品、金属合金制造厂、制作兽皮的企业。

（5）药物：如kushthy过去是治疗梅毒及干癣的药物，现在用来治疗动物的抗寄生虫药。

对一般人而言，微量的砷是维持生命活动不可或缺的，砷的摄取多来自食物和饮水。鱼、海产、藻类中含有arsenobetane和arsenocholine，这些化合物对人体毒性低而且容易排出体外。

1.1.1.2　砷元素用途及危害

木材处理：砷对昆虫、细菌与蕈类有极大的毒性，使得它成为处理木材的理想物质。全世界使用的铬酸铜砷，又称防腐盐（CCA），自19世纪50年代工业化生产后，在砷的消耗中比例占最大。但由于砷造成的环境问题，大部分的国家

已将其禁用，最先禁用的国家是欧盟与美国，在 2004 年实施。

在 2002 年，19600t 的砷化合物中九成用于处理木材，在 2007 年，仍有 5280t 的砷化合物中的一半被用于处理木材。在欧盟，根据美国环境保护局的网站，自 2003 年 12 月 31 日，用 CCA 处理的木材不再被用来建造居住或公共用建筑，而改用 ACQ、硼酸盐、铜唑类、环克座与普克利等处理的木材替代。虽然被停用了，使用砷处理过的木材的处理问题仍是大众最关注的议题之一，大部分比较旧的而被处理过的木材是使用 CCA 处理的，用 CCA 处理的木材仍在大部分国家被广泛使用，并且曾在 20 世纪后半叶被大量当作建材使用。虽然大部分国家的一些研究显示砷可能从木材中泄漏而进入附近的土壤中（例如从游乐器材中）后将其禁用，砷泄漏的风险也存在于燃烧用 CCA 处理的木材中，直接或间接地摄取了燃烧 CCA 木材的灰烬造成了许多动物的死亡与一些人严重的中毒。人类的致死剂量约 20g 的灰烬。废弃的 CCA 木材的处理法全世界并没有一致的标准，而有些人对现在通行的掩埋法有意见。

药物：在 18~20 世纪，一部分的砷化合物被当作药物使用，包括阿斯凡纳明（被保罗·埃尔利希使用）与三氧化二砷（被汤玛士·弗勒所使用）。阿斯凡纳明与新胂凡纳明曾是治疗梅毒与锥虫病的药方，但后来被抗生素所取代。三氧化二砷 500 年前被应用于各种领域，但最主要是用于治疗癌症。在 2000 年，美国食品药品监督管理局同意用此种化合物治疗急性早幼粒细胞白血病并对维 A 酸有抗药性的病人。它也被弗勒用来治疗牛皮癣。最近有针对砷-74（一个正电子发射者）的研究，使用这种同位素的好处是，在正电子发射计算机断层扫描时它的信号比原先使用的碘-124 清楚，因为碘倾向于向甲状腺聚集，导致不少的噪声。

颜料：醋酸亚砷酸铜曾被用来当作绿色颜料，并有许多不同的俗名，包括"巴黎绿"与"宝石绿"，它导致了不少的砷中毒事件。舍勒绿——一种亚砷酸铜，曾在 19 世纪用来当作甜品内的食用色素。

军事：一次世界大战后，美国生产了 20000t 的路易氏剂，一种含砷的化学武器，其中的糜烂剂会刺激肺，主要用于芥子气的抗凝剂或特殊情况下的防护服。这些存货大部分在 20 世纪 50 年代后期用漂白剂处理后被倒入墨西哥湾。在越南战争期间，美军曾使用蓝色枯叶剂（二甲砷酸）作为彩虹除草剂的一种，破坏越南的粮食作物。

其他用途：用于许多种农业用杀虫剂、去籽剂与毒药。例如砷酸氢铅曾于 20 世纪当作果树用杀虫剂，它的使用有时候会导致使用喷雾剂的人的脑受损。近半个世纪以来，甲基砷酸钠（MSMA）与甲基砷酸二钠（DSMA）——毒性不强的有机砷化物取代了砷酸盐在农业的角色。

将砷添加在动物的饲料里，特别在美国是防治疾病与刺激动物生长的一个方法。一个例子是在 1995～2000 年，洛克沙砷曾占嫩鸡幼年与成长饲料中的 69.8% 与 73.9%。

砷化镓是一种重要的半导体材料，使用这种材料的集成电路速度比用硅的快得多（但也比用硅的贵得多）。它是通过直接迁移，所以可以用在镭射二极管与 LED 中，把电能直接转成光能。在硅半导体中，砷也常被使用作为形成 n 型半导体时掺杂的元素之一，也被用在表面镀铜与烟火制造。接近 2% 的砷被用来制造铅合金，用于制造铅弹与子弹。少量的砷被加入黄铜，使之可以抵抗脱锌，这种等级的黄铜被用来制造水管配线。

1.1.2　生产方法

砷的生产方法主要有以下两种：

（1）用胂（AsH_3）制备。在制备胂的过程中所混入的杂质为其他氢化物即硫化氢 H_2S、硒化氢 H_2Se、锑化氢 SbH_3 等。精制时，可先用液氮冷却进行液化分馏，再用氢氧化钾水溶液洗涤，最后通过 $CaCl_2$、$\gamma\text{-}Al_2O_3$、P_2O_5 等，所得到的精制胂在加热至 600℃ 以上的石英管里热分解，即可以得到高纯度砷，纯度在 99.999% 以上。AsH_3 在 280℃ 以上几乎 100% 热分解，为使其分解完全，在石英管的加热层中，最好能填充石英制拉西环等填料。

（2）由三氧化二砷与碳反应制得。气相还原法将具有气化段、反应段、析出段的三个电炉的装置组装起来。中央反应部分是内径为 20～25mm 的石英管，在其中装入经真空加热排掉气体的木炭，两端用石英棉堵住，在石英盘里放入三氧化二砷，放到气化段，以 400～500mL/min 的速度通入经提纯的氮气。将气化段保持在 400℃，反应段保持在 650℃，析出段保持在 350～400℃，经反应约 1h，析出单质砷，再经蒸馏，制得砷成品。

1.1.3　砷的生理学特性

生物代谢：砷经食入会被吸收 60%～90%；经吸入会被吸收 60%～90%，尘埃粒径的大小会决定沉着的部位，而经皮肤吸收的极少。砷在被吸收之后会分布到肝、脾、肾、肺、消化道，然后在暴露四周之后大概只在皮肤、头发、指甲、骨头、牙齿还存有少量，其他的都会迅速地被排除掉。

在人体内，五价砷和三价砷会互相转换，而也许代表去毒性的甲基化过程则多半在肝脏进行。人体甲基化的能力会因砷暴露量增加而降低，然而，甲基化的能力是可以被训练的，若长时间暴露在低浓度砷环境中，则之后再暴露在高浓度砷环境时甲基化能力会增强。这些甲基化的砷会由肾脏、排汗、皮肤脱皮或指甲头发等排除。而海产品中的砷化物无法在人体内完成转化，通常也以原貌由尿液排除。无机砷通常在两天内排除，海产品所含的砷化合物亦然。

生理功能：大量的羊、微型猪和鸡的研究结果提出，砷是必需的微量元素。饲料中含砷较低时（10~30mg/g），导致生长滞缓，怀孕减少，自发流产较多，死亡率较高，骨骼矿化减低。在羊和微型猪还观察到心肌和骨骼肌纤维萎缩，线粒体膜有变化、破裂。砷在体内的生化功能还未确定，但研究提示砷可能在某些酶反应中起作用，以砷酸盐替代磷酸盐作为酶的激活剂，以亚砷酸盐的形式与巯基反应作为酶抑制剂，从而可明显影响某些酶的活性。有人观察到，做血透析的患者其血砷含量减少，并可能与患者中枢神经系统紊乱、血管疾病有关。

根据动物实验资料提出，人的砷需要量为（6.25~12.5）μg/4.18MJ，世界各地砷的摄入量一般为 12~40μg，但摄入海产品多的人，砷的摄入量可达到每天 195μg。在雏鸡、仓鼠、山羊、猪和大白鼠实验中，砷缺乏最一致的表现是生长抑制和生殖异常，后者的特征是受精能力损伤和围产期死亡率的增加。所有物种在缺砷时都表现出各种器官内矿物质含量的变化。对砷缺乏的某些应答反应取决于应激因子或其他因素的存在。

1.1.4　砷的毒性

一般而言，无机砷比有机砷要毒，三价砷比五价砷毒。三价砷会抑制含-SH的酵素，五价砷会在许多生化反应中与磷酸竞争，因为键结的不稳定，很快会水解而导致高能键（如 ATP）的消失。

砷化氢的毒性和其他的砷都不同，可以说它是目前已知的砷化合物中最毒的一个。自从半导体产业大量使用砷化镓（也用于镭射、光电产业）后，砷化氢的使用量也日渐增多。当酸或有还原能力的物质碰到含砷的物品就会产生砷化氢，即使该物品砷含量不多。

砷化氢被吸入之后会很快与红血球结合并造成不可逆的细胞膜破坏。低浓度时砷化氢会造成溶血（有剂量—反应关系），高浓度时则会造成多器官的细胞毒性。

砷与它的许多化合物都是超强的毒药。砷会经许多机制干扰 ATP 的合成，在三羧酸循环中，砷会抑制丙酮酸脱氢酶，并借与其竞争磷酸根来分离氧化磷酸化，造成与能量相关的烟酰胺腺嘌呤二核苷酸还原、粒线体呼吸作用和 ATP 合成被干扰。这些新陈代谢的干扰会使细胞坏死、非细胞凋亡导致多重器官衰竭。若解剖会发现许多砖红色的黏膜，产生的原因是严重出血。

1.1.4.1　急性砷中毒

急性砷中毒早期常见消化道症状，如口及咽喉部有干、痛、烧灼、紧缩感、声嘶、恶心、呕吐、咽下困难、腹痛和腹泻等。呕吐物先是胃内容物及米泔水样，继之混有血液、黏液和胆汁，有时杂有未吸收的砷化物小块；呕吐物可有蒜样气味。重症极似霍乱，开始排大量水样粪便，以后变为血性，或为米泔水样混有血丝，很快发生脱水、酸中毒以至休克。同时可有头痛、眩晕、烦躁、谵妄、中毒性心肌炎、多发性神经炎等症状。少数有鼻衄及皮肤出血。严重者可于中毒后 24h 至数日发生呼吸、循环、肝、肾等功能衰竭及中枢神经病变，出现呼吸困难、惊厥、昏迷等危重征象，少数病人可在中毒后 20min 至 48h 内出现休克、甚至死亡，而胃肠道症状并不显著。病人可有血卟啉病发作，尿卟胆原强阳性等症状。

1.1.4.2　砷化氢中毒

砷化氢中毒常有溶血现象。

1.1.4.3　亚急性中毒

亚急性中毒会出现多发性神经炎的症状，四肢感觉异常，先是疼痛、麻木、继而无力、衰弱，直至完全麻痹或不全麻痹，出现腕垂、足垂及腱反射消失等；或有咽下困难，发音及呼吸障碍。由于血管舒缩功能障碍，有时发生皮肤潮红或红斑。

1.1.4.4　慢性砷中毒

慢性砷中毒多表现为衰弱、食欲不振，偶有恶心、呕吐、便秘或腹泻等。还可出现白细胞和血小板减少，贫血，红细胞和骨髓细胞生成障碍，脱发、口炎、鼻炎，鼻中隔溃疡、穿孔，皮肤色素沉着，可有剥脱性皮炎。手掌及足趾皮肤过度角化，指甲失去光泽和平整状态，变薄且脆，出现白色横纹，并有肝脏及心肌损害。中毒患者发砷、尿砷和指（趾）甲砷含量增高。口服大量砷的病人，在做腹部 X 线检查时，可发现其胃肠道中有 X 线不能穿透的物质。

1.1.5　砷的接触途径

水源污染：砷出现在饮用水里会导致砷中毒，其中最常见的是砷酸盐（$HAsO_4^{2-}$）与亚砷酸（H_3AsO_3）。砷能够自由地在 +3 价氧化态与 +5 价氧化态之间来回转换，导致其在自然界中的来源更多。饮用水的污染曾在美国、德国、阿根廷、智利、中国台湾（乌脚病）、英国都有发生。

出现在地表水中的砷曾经造成孟加拉与邻近国家的大规模砷中毒。全世界有 42 个发现地表水中含有砷的个案，估计有接近 5700 万人饮用的地表水中所含的砷超过 WHO 所规定的 10ppb（$1ppb = 10^{-9}$）标准。

生活或工作接触：砷会成为恶名昭彰的毒素是因为砷容易被接触，在过去，就有儿童误食含砷的杀虫剂，或是在经过砷化铜处理的木头家具附近玩耍时，会因皮肤接触导致砷中毒。

使用无机砷与其化合物的工厂有木材处理工厂、玻璃制造工厂、不含铁的金属合金与半导体制造厂。无机砷也在焦炉的残余物中被检测到。工作中的接触与中毒可能会出现在这些工厂上班的人员身上。

1.1.6 砷中毒的急救措施

急性暴露：送到医院前应确保病人呼吸畅通且有脉搏，并与就近的毒理单位联络。

若是皮肤暴露就要用水冲洗，但是对儿童或老人要注意不可造成失温。

若是眼睛暴露也是用水冲洗至少15min，假如可以的话应该移除隐形眼镜。

若食入大量砷，在食入1h内给予活性炭（1mg/kg，大人通常为60~90mg，儿童通常是25~50mg）最有效，若没有呕吐也可以洗胃，此时必须确定病人意识清醒且要注意呼吸道的畅通。因为体液的大量流失，有症状的病人必须要从静脉补充水分并用机器监视心脏节律，即使没有低血压症状的病人也应补充水分，并且要记录尿量以评估体液补充的情形，若有需要，病人应送入加护病房随时补充体液，若出现肾衰竭应接受透析治疗。

可以考虑螯合治疗的药物DMSA（dimercaptosuccinicacid）（口服），建议使用剂量为每八小时10μg/kg或是350mg/m² 使用5天，之后每12小时给10μg/kg使用14天。至于口服D-penicillamine，虽然有报告称对儿童的急性砷中毒有效，但是对实验动物却没有效果。

慢性暴露：找出砷暴露的来源并避免进一步的暴露，有研究显示曾暴露在砷环境中的儿童在离开暴露源之后曾经升高的尿中砷量逐渐下降。砷引起的周边神经病变要耗时数月恢复，且少有恢复完全。

1.1.7 砷的安全标准及储运条件

在欧盟将元素砷与其化合物归类于"有毒的"与"对环境有危害的"。国际癌症研究机构（IARC）将砷与其化合物归类于第一类致癌物质，而欧盟也将三氧化二砷、五氧化二砷与砷酸盐归类于第一类致癌物质。

运输注意事项：运输前应先检查包装容器是否完整、密封，运输过程中要确保容器不泄漏、不倒塌、不坠落、不损坏。严禁与酸类、氧化剂、食品及食品添加剂混运。运输途中应防曝晒、雨淋，防高温。公路运输时要按规定路线行驶。

储存注意事项：储存于阴凉、通风的库房。远离火种、热源。库内相对湿度不超过80%。包装必须密封，切勿受潮。应与氧化剂、酸类、卤素、食用化学品分开存放，切忌混储。配备相应品种和数量的消防器材。储区应备有合适的材料收容泄漏物，应严格执行极毒物品"五双"管理制度。

1.2　砷化合物的性质

在自然界中，砷主要以硫化物矿形式存在，有雄黄（As_4S_4）、雌黄（As_2S_3）、砷黄铁矿（FeAsS）等。砷的主要化合物有 Mg_3As_2、AsH_3、三氧化二砷、砷酸、雄黄（As_4S_4）、雌黄（As_2S_3）等。

砷可以被 O_2 和 F_2 等氧化：

$$As + O_2 \xrightarrow{\text{点燃}} As_2O_3$$

$$As + F_2 \xrightarrow{\text{点燃}} AsF_5$$

砷作为非金属，也可发生以下反应：

$$Mg + As \xrightarrow{\text{点燃}} Mg_3As_2$$

Mg_3As_2 可以发生水解反应：

$$Mg_3As_2 + H_2O \longrightarrow AsH_3 + Mg(OH)_2$$

砷化氢是无色有毒气体，相对分子质量为 77.9454，不稳定，可发生可逆反应：

$$2AsH_3 \rightleftharpoons 2As + 3H_2$$

砷化氢是强还原剂，很容易被氧化，与氧气反应（自燃）：

$$AsH_3 + O_2 \longrightarrow As_2O_3 + H_2O$$

砷化氢与氨气不同，一般不显碱性，AsH_3 可以用于制造半导体材料砷化镓。在 700~900℃，化学气相沉积：

$$AsH_3 + Ga(CH_3)_3 \longrightarrow GaAs + CH_4$$

三氧化二砷是毒性很强的物质，是砒霜的主要成分，可用于治疗癌症，是两性氧化物：

$$As_2O_3 + NaOH \longrightarrow Na_3AsO_3 + H_2O$$

$$As_2O_3 + HCl \longrightarrow AsCl_3 + H_2O$$

三氧化二砷可被一些强氧化剂氧化成 5 价砷：

被臭氧氧化：

$$As_2O_3 + O_3 \longrightarrow As_2O_5$$

被氟气氧化：

$$As_2O_3 + F_2 \longrightarrow O_2 + AsF_5$$

此反应用于制取高纯度的 AsF_5。

三氧化二砷可被过氧化氢氧化成砷酸。五价砷的卤化物只有五氟化砷能稳定存在，AsF_5 是无色气体，发生水解反应，生成氟化氢（腐蚀玻璃的原理）。五氧化二砷是酸性氧化物，溶于水能生成三种砷酸（偏砷酸、砷酸、焦砷酸）。砷酸（H_3AsO_4）与磷酸性质相似，其钾、钠、铵盐溶于水，其他盐一般不溶于水。

雄黄（As_4S_4）、雌黄（As_2S_3）是两种天然的含砷矿物，可与氧气发生反应：

$$As_2S_3 + O_2 \xrightarrow{\text{点燃}} As_2O_3 + SO_2$$

$$As_4S_4 + O_2 \xrightarrow{\text{点燃}} As_2O_3 + SO_2$$

雄黄和雌黄可被 Zn、C 等在加热条件下还原，得到砷单质。

1.3　砷碱渣的产生和组成

锑矿大都含有砷，其中砷多呈砷黄铁矿形态存在，熔炼这种含砷锑矿时，全部砷都氧化挥发，并在还原熔炉中进入粗锑，工业上利用砷和锑高价氧化物的生成自由焓差别很大的特点，采用碱性精炼法使砷优先氧化除去，最终得到含砷达到标准的锑和含砷 5%~10% 的碱性渣，即砷碱渣。在锑的冶炼过程中，砷逐渐富集，以致非经碱性精炼砷不能产生出精锑。若以原矿含砷 0.03% 计，砷的富集规律是：在选矿过程中，富集比为 1.5~2.5，经过火法冶炼之后，富集比上升至9.21~10.66，采用湿法冶炼时，砷在冶炼过程中不但不富集，反而被贫化。如今含砷 0.18% 的浮选精矿，经硫化碱浸出，隔膜电积后，所产阴极锑中含砷仅0.05%。尽管如此，欲产出商品号精锑，则不论采用火法、湿法冶炼，均需经过碱性精炼，这就会产生砷碱渣。

锑的冶炼主要包括挥发焙烧（熔炼）、还原熔炼和碱性精炼三个过程。在挥发焙烧（熔炼）时，砷与锑同被氧化生成三氧化二锑和三氧化二砷蒸气而进入炉气中，经表面冷却器及布袋收尘后，变成固体粉末而成为中间产品氧化锑（俗称"锑氧"）。锑氧的还原熔炼和粗锑的碱性精炼先后在反射炉内进行。在还原熔炼时，三氧化二锑及三氧化二砷被还原，砷即进入粗锑中。

粗锑的精炼往往采用加纯碱鼓风除砷，主要反应为：

$$4As + 5O_2 + 6Na_2CO_3 \longrightarrow 4Na_3AsO_4 + 6CO_2$$

$$4Sb + 3O_2 + 6Na_2CO_3 \longrightarrow 4Na_3SbO_3 + 6CO_2$$

如果挥发焙烧（熔炼）过程中氧化不完全，则中间产品氧化锑中夹带有三硫化二锑和三硫化二砷，因此，碱性精炼时还将发生下列反应：

$$Sb_2S_3 + 6Na_2CO_3 + 6O_2 \longrightarrow 2Na_3SbO_3 + 3Na_2SO_4 + 6CO_2$$

$$As_2S_3 + 6Na_2CO_3 + 7O_2 \longrightarrow 2Na_3AsO_4 + 3Na_2SO_4 + 6CO_2$$

碱性精炼中生成的炉渣浮于锑液表面而被耙除，因其含砷且水溶液呈碱性而称为砷碱渣。砷碱渣主要组分为：亚锑酸钠（Na_3SbO_3）、砷酸钠（Na_3AsO_4）、碳酸钠（Na_2CO_3）、硫酸钠（Na_2SO_4）以及耙渣时夹带的少量金属锑。砷碱渣的成分见表 1.1。

表 1.1 砷碱渣的化学成分（质量分数）   %

成分	Sb	As	Na_2CO_3	Na_2SO_4	Na_2S	H_2O	其他
波动值	32.70~47.70	1.23~4.17	24.94~37.78	1.54~10.63	0.59~6.03	7.76~22.99	<5
平均值	40.72	2.49	27.95	6.01	2.57	12.44	

因为砷碱渣中含锑较高，通常冶炼企业还要将砷碱渣投入反射炉进行处理，这一过程产生的渣称为二次砷碱渣，其中锑含量为 10% 以下，砷含量为 4%~10%。按照这种传统方法所产生的砷碱渣被称为"老砷碱渣"，每生产 1 万吨精锑将产生老砷碱渣 800~1000t。

老砷碱渣的主要成分是砷酸钠（Na_3AsO_4）、亚锑酸钠（Na_3SbO_3）及过量的碳酸钠和金属锑，此外还有少量的 SiO_2、CaO、Al_2O_3、S，其中含 Sb30%~40%，As3%~9%，总碱度 20%~30%。由于大量的砷碱渣的堆积，得不到合适的处理，存在极大的安全隐患，目前国内已发生多起炼锑砷碱渣因贮存不当泄漏而造成中毒伤亡事件。

锡矿山是一个锑冶金联合企业，建有采、选、炼生产系统。矿石的主要矿物为辉锑矿。由于砷与锑的化学性质十分接近，往往共生在一起，在矿石中主要以硫化物形态存在。矿石经选矿后，向冶炼提供的精矿有粉精矿和块精矿，其化学成分见表 1.2。

表 1.2 精矿的化学组成

精矿类别		成分（质量分数）/%								
		Sb	As	Fe	S	Cu	Pb	SiO_2	Al_2O_3	CaO	MgO
块精矿	硫化矿	6.1	0.08	2.08	2.4	0.004	0.0038	84.56	3	1.3	0.72
	混合矿	10.9	0.08	2.68	3.04	0.003	0.0025	79.64	1.9	1.9	0.15
粉精矿	硫化矿	44.6	0.1	3.7	19.28	0.006	0.12	27.4	2.2	1.75	0.72
	混合矿	26.1	0.11	2.72	8.32	0.004	0.1	55.56	2.4	1.55	0.32

1.4 砷碱渣处理的意义

随着中国经济的不断高速发展，固体废物的回收利用是实现可持续发展过程中必须解决的问题，对固体废物进行回收利用可以减轻垃圾处理设施的压力，也可以减少对自然资源的开采，是走可持续发展道路，实现循环经济理念，建设和谐社会的有效途径。

砷碱渣是粗锑精炼过程中加碱除砷的产物，其中含锑和砷的质量百分比分别为 30%~40% 和 3%~9%，总碱度为 20%~30%。由于砷碱渣中含有溶于水的剧毒砷化物以及可回收利用的金属 Sb 和 As，成分复杂，不能随便丢弃，又难以直接进行二次冶炼。

目前，锑冶金生产中火法冶金工艺占绝对优势，95%以上的锑产量是由火法工艺生产的。锑冶金生产无论是采用火法工艺，还是湿法工艺都会产生砷碱渣。一直以来企业对砷碱渣主要采用库房堆放的形式处理，造成了资源的巨大浪费，已成为锑工业发展的瓶颈问题。到目前为止，还没有一种有效、低成本砷碱渣综合回收利用方法。随着库存量不断增加，不但造成锑、砷、碱大量积压浪费，而且环境污染风险也在与日俱增。

由于砷碱渣中的砷是以砷酸钠形式存在，剧毒且易溶于水，因此不宜露天存放。目前，全国砷碱渣的堆存量已高达 5 万多吨，并且每年的产生量在 0.15~1 万吨左右。占全国年产量近一半的大中型冶炼厂对砷碱渣采用专用渣库房进行妥善堆存，而小型冶炼厂的砷碱渣基本上是露天堆存，危害极大。近年来，湖南、贵州等地多次发生砷碱渣污染水体和人畜中毒事故，对周围自然环境、人民身体健康和生命安全造成极大的危害，严重制约了锑冶金工业的可持续发展。

1.4.1 我国一些地区的砷污染事件

冶金企业是砷碱渣产生的主要机构，其中砷主要是以可溶性砷酸钠的形式存在于固体废物中。当砷碱渣受到雨水侵蚀后，砷酸钠便溶于水中，污染水源。砷碱渣形成含砷废水后对环境造成严重污染，危害人体健康，严重威胁人类生命安全，发达国家及我国对含砷废水排放制定了严格的标准。中国、美国和法国对生活水和工业污水中砷含量制定了严格的标准，如表 1.3 所示。表 1.4 列举了我国矿冶活动导致的砷污染中毒事件。

表 1.3 中国、美国和法国生活用水和工业污水中砷控制标准　　　mg/L

项 目	中国	美国	法国
工业污水	≤0.5	≤1.0	≤0.1
生活水、地表水	≤0.05	≤0.05	≤0.04

表 1.4 我国矿冶活动导致的砷污染中毒事件举例

年份	地 点	污染事件产生	产生原因
1961	湖南新化锡矿山	308 人食物中毒，6 人死亡	饮水井周围露天堆存含砷碱渣，污染饮用水源
1974	云南锡业第一冶炼厂	多人中毒	铝砷浮渣受潮产生 AsH_3 毒气
1981	浙江富春江冶炼厂	200 多人中毒	铜鼓风炉渣中混进含砷的废触煤，污染水源
1987	湖南新田县莲花乡	14 人慢性砷中毒，2 头耕牛死亡，3 口鱼塘的鱼全部死亡	炼砷渣随意堆放在公路两边导致砷污染稻田

年份	地　点	污染事件产生	产生原因
1994	湖南桃江县竹金坝乡	8 人急性砷中毒	锑废渣污染井水导致急性砷中毒
1994	贵州省三都县某镇	125 人急性砷中毒，1 匹马死亡	直接接触土法炼砷处遗留的铁桶、炉砖，饮用砷污染水
1995	湖南常宁县白沙镇	300 余人中毒，农田大面积绝收，损失 5500 万元以上	炼砷、炼砒废水污染水源和土壤
1995~1998	广西柳州市工矿企业	5 起 11 例急性职业性砷化氢中毒，其中 2 人死亡	砷矿渣与水或酸混合产生砷化氢
1996	贵州平坝县	280 人中毒	含砷废水污染饮水源
1996	湖南新化锡矿山	617 人中毒	含砷锑废渣污染井水
1998	湖南安仁县华五乡	884 名师生出现砷中毒	食用炼砒废弃的编织袋盛装的大米
1998	云南某乡镇冶炼厂	32 名工人中毒	车间空气中三氧化二砷含量过高
2000	湖南郴州市苏仙区邓家塘乡	300 多人砷中毒，2 人死亡，50 公顷水田抛荒	炼砒厂含砷废水污染水源和土壤
2000	广西柳江县	6 人中毒，其中 2 人死亡	自来水冲洗废旧砷矿渣产生砷化氢
2001	广西河池五圩	193 人中毒	选矿厂排出的废水砷超标 2189 倍，污染水源
2002	贵州独山县城近郊	334 人中毒	选冶厂随意堆放和倾倒含砷废渣，污染水源
2002	湖南衡阳界牌镇	76 人中毒	砷矿石、废渣等污染水源
2003	云南楚雄滇中铜冶炼厂	83 人陆续砷中毒	排烟系统超负荷运转，砷化合物烟气外逸
2004	辽宁阜新	160 人砷中毒	炼铜厂污水泄漏，污染水源
2005	河北保定老河头镇	30 多人中毒	含砷矿渣遇水生成砷化氢
2007	贵州省独山县瑞丰矿业有限公司	17 人出现不同程度砷中毒	1900t 含砷废水直接排入都柳江
2008	广西河池市	450 名村民尿砷超标，4 人被确诊为轻度砷中毒	金海冶金化工公司含砷废水溢出
2009	山东沂南县亿鑫化工有限公司	造成水体严重污染	在未经国家允许的情况下，私自生产阿散酸，将生产过程中的大量含砷废水排放
2008~2013	湖北黄石市阳新县	48 名村民中毒，造成公私财产损失 86 万元，其他损失 741 万余元	不按要求安装防治污染设备，放任砷污染物的排放，含砷污染物排放达 684t

从以上两个表中可以看出，虽然我国制定了严格的砷排放标准，但是由于某些人为或是自然原因还是导致了一些严重的砷污染事件。因此砷污染的治理对于人类健康和环境保护至关重要，研究切实可行的方法妥善处理冶金过程中的砷碱渣是广大环境专业研究者的责任和义务。

1.4.2　国外一些地区的砷污染事件

1900 年在英国曼彻斯特因啤酒中添加含砷的糖，造成 6000 人中毒和 71 人死亡。

日本的森永奶粉事件造成 130 人死亡的悲剧。1955 年日本的森永奶粉事件是因添加剂被砷污染造成的。当时森永奶粉公司在加工奶粉过程中所用的稳定剂磷酸氢二钠，是几经倒手的非食品用原料，其中砷含量较高，结果造成 12000 余名儿童发热、腹泻、肝肿大、皮肤发黑，死亡 130 名。为此森永公司负担 6 亿多日元的赔偿费用。事情并未到此结束，14 年后的调查表明，多数受害者有不同程度的后遗症，社会上再次起诉，至事发 20 年后原生产负责人被判 3 年徒刑，森永公司再次承担约 3 亿日元的责任赔偿。

在日本宫崎县吕久砷矿附近，因土壤中含砷量高达 $300\sim838mg/kg$，致使该地区小学生慢性中毒。日本岛根县谷铜矿山居民也有砷慢性中毒患者。

据 2009 年 11 月报道，孟加拉国可能有两百万人集体砷中毒，且已经造成多人死亡，未来将有更多人因此失去生命，堪称人类史上最大的中毒案。孟加拉国挖掘许多池塘作为养殖鱼类与储水灌溉用，科学家发现，这些池塘是居民集体砷中毒的罪魁祸首。据孟加拉国政府估计，大约有三千万人饮用含砷量超过 $50\mu g/L$ 的水源。

砷污染所带来的严重后果和各种惨剧令人触目惊心，必须要做好含砷废水废渣的处理工作，所以砷碱渣的回收处理是一个至关重要的过程。

1.4.3　砷碱渣处理中的问题

砷碱渣处理工程存在的问题主要在砷产品系统上，它表现在以下两个方面：一是砷碱混合盐系统生产能力太小，无法满足锑渣系统正常生产时车间砷溶液的平衡。主要表现在蒸发器的生产能力上。二是砷酸钠混合盐质量差，无法满足用户要求。主要表现在成分波动大和易熔化结块。

在砷碱渣的处理技术上，采用热水浸出砷碱渣的方法基本能够达到砷、锑的分离目的。如何实现浸出后液砷和碱液的综合利用是未来砷碱渣处理技术的研究方向。

针对炼锑工业砷碱渣造成的环境危害、资源浪费以及工程处理上的问题，以锑冶炼砷碱渣浸出液为研究对象，开发砷碱渣清洁处理新技术，实现砷碱高效分离，获得纯度较高、质量稳定，符合市场需要的砷产品，实现砷碱的综合回收利用。

我国是世界上最大的锑资源国，具有产量、产能优势。锑金属在冶炼过程中所产生的大量废渣、废水，造成了严重的环境问题。

（1）我国锑工业实现循环经济发展的迫切性和必然性。现有的一些锑冶炼技术仍存在严重的环境问题，我国锑冶炼95%为火法冶炼。2001年以脆硫铅锑矿生产的锑品已占全国总产量的50%，但脆硫铅锑矿用现有的火法处理，锑金属回收率低，仅75%，综合回收利用差，产品档次低，同时存在两大环保问题：1）排出低浓度（小于3%）二氧化硫对大气的污染；2）砷碱渣堆存待处理，存在对环境水资源污染的重大安全隐患。同时，由于大部分锑冶炼厂生产规模都在1000吨/年以下，使得环境综合治理工作变得更加复杂、困难。

（2）锡矿山开展循环经济实践尝试。随着人们环保意识的不断增强，我国从中央到地方也日益重视环境保护问题。国家制定了越来越严，而且可操作性强的政策措施，使锑冶炼面临环保的严峻挑战，锑冶炼企业的环保意识和危机感也在不断增强。锡矿山闪星锑业有限责任公司作为世界上最大的锑品生产企业，其生产工艺技术、经济技术指标、产品产量、规格品种、产品质量处于国际领先或国际先进水平，通过组织科研人员进行科技攻关，不断研究锑冶炼过程中产生的大量废渣、废气的治理办法，寻找解决固体废弃物资源综合利用之道。

开展砷碱渣综合回收利用。在冶炼锑、锌的过程中，要产生大量的废渣、废气。长期以来，锑冶炼中，砷氧化后的砷化物作为废物排出，称为砷碱渣，二次处理后，含砷4%~10%。每生产1万吨精锑将产生800~1000t砷碱渣。砷俗称"砒霜"，系剧毒品，需要建专用渣库进行妥善堆存。目前，全国砷碱渣堆存已高达20万吨，且每年将新产生0.5万吨。

从20世纪60年代开始，锡矿山闪星锑业有限责任公司一直在进行砷碱渣的综合回收利用研究，研究试验费近千万元，到2003年，从粗锑精炼除砷到砷碱渣处理取得了重大突破。经报国家有关部门批准，建立了一条年处理3000t砷碱渣的生产线，既使砷碱渣中的砷、锑、碱得到综合回收利用，又可解决砷碱渣对环境的污染问题。

2004年7月该工程开工建设，于2005年5月试生产。2005年11月，炼锑砷碱渣综合回收处理工程通过国家发改委和国家环保总局、中国有色金属工业协会专家组验收。2006年10月正式投入运行，年综合利用砷碱渣可达1200t，年回收砷碱渣185t，金属锑163t，不仅消化了锡矿山当年新产生的砷碱渣，还可处理原来堆积的砷碱渣600t。到目前为止，在处理砷碱渣的过程中，每年可回收锑金属408t，按目前市场价格达1539万元。蒸发浓缩产出的砷酸钠可供玻璃企业用作澄清剂，含碱母液经化工厂回收生产快速除砷除硒剂用于除砷作业，不再发生二次污染，做到物尽其用，没有浪费，具有投资大、环境效益明显、循环经济示范意义突出等特点。这些项目的实施，不仅减少了环境污染，而且每年可为公司增加效益 2000 万元以上。

积极利用"三废"节能减排。锑冶炼会产生大量的低浓度二氧化硫，处理起来成本高，技术难度大。锡矿山投资 200 多万元，采用旋流板塔湿法脱硫除尘技术，处理后的二氧化硫排放量比国家标准低，其回收的物料四氧化硫钙，供给公司附属水泥厂做原料，彻底解决了困扰公司的一道难题。公司化工厂的锅炉，过去一年锅炉用煤 16000t，开支达 500 多万元。锌厂年生产精锌 4 万吨，同时要产出竖罐渣 4 万多吨，以前是将渣以每吨几十元的价格出售。公司投资 1000 多万元，对化工厂燃煤锅炉进行改造，回收利用锌厂竖罐渣的碳发热能源，以渣代煤。二次渣则可作为水泥工业原料和下游企业的原料，进一步提取锌等有价金属。

2 砷碱渣当前处理技术及现状

砷碱渣是锑冶炼企业产生的一种危险固体废弃物，是在反射炉或鼓风炉的火法炼锑过程中，采用加入纯碱（碳酸钠）或烧碱（氢氧化钠）的方法对粗锑进行精炼，产出各种型号的精锑，同时产生的废渣为砷碱渣。砷碱渣中的主要成分是纯碱（碳酸钠）、砷及其化合物和锑及其化合物，三类物质的含量约为：纯碱53%、砷及其化合物34%、锑及其化合物占11%。砷碱渣中的砷及其化合物有剧毒，且易溶于水，若保管不善极易引起砷污染事件。

人们对含砷废渣、废水的治理进行了多方面的研究，并有大量的专利及处理方案报道。下面对砷碱渣的处理技术进行系统的整理。

2.1 砷碱渣处理技术

大部分砷碱渣处理可以分为两类：火法和湿法。火法是传统的炼砒工艺，其工艺原理是将含砷废渣通过氧化焙烧，挥发制取粗 As_2O_3 或单质砷，此法对砷的回收率比较高，但是劳动条件差，投资巨大，原料的适用范围小，而且极易造成二次污染。目前应用比较广泛的火法除砷技术是二氧化硅除砷法。湿法工艺是指先将固体中的砷转移到溶液中，然后通过化学或是物理的方法将砷除去，湿法除砷是目前世界各国研究最多、应用最普遍的一种工艺，尤其是化学沉淀法除砷工艺使用最普遍，脱砷效果最好。国内外常用的湿法除砷大致可分为化学沉淀和物理吸附分离法两大类方法，除此之外还有电凝聚法、离子交换法、生化法、膜分离等。化学法就是将可溶性砷溶于水后形成难溶性砷酸盐，以达到矿化的目的。其主要包括钙盐沉淀法、铁盐沉淀法、硫化沉淀法、铝盐和镁盐沉淀法。

砷碱渣的处理还有填埋等方式。简单的填埋堆置由于安全性低，管理费用高，已很少采用，下面介绍几种火法与湿法处理工艺。

2.1.1 砷碱渣的火法处理工艺

火法除砷的工艺原理是将废渣通过氧化焙烧，挥发制取 As_2O_3，或者将粗 As_2O_3 进行还原精炼制取单质砷，它主要有鼓风炉熔炼法和反射炉熔炼法。火法除砷的主要流程如下：首先把砷碱渣入炉（鼓风炉）进行烟化得到高砷锑氧，接着进反射炉还原精炼，得到高砷锑，再经反复降温去铁，加高砷锑次布袋氧作衣子，浇铸成表面光洁的产品。火法流程图如图 2.1 所示。

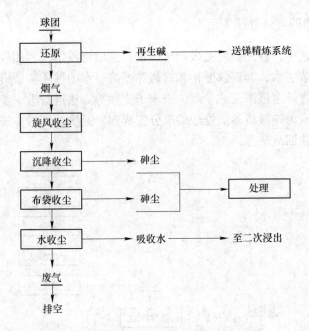

图 2.1　火法流程图

　　火法具有处理设备简单，成本低廉，操作简便，产品质量可靠，处理量大等优点，但也存在着一些不足之处：（1）由于扯泡、精炼、反射炉出锑时粉尘浓度高，环境污染严重，有碍工人健康。（2）炉料熔融后有"沸腾"现象，对操作安全造成威胁。（3）由于要避免二次污染，因此需要实现自动化生产，投资较大，经济不合理。（4）火法炼砷工艺适用范围小，对含砷较低的废渣不适用。目前应用比较广泛的火法除砷用的是二氧化硅除砷法。

　　二氧化硅熔炼炉法是火法除砷中最简单的一种，该方法工艺简单、成本低，可使砷碱渣变害为有用产品利用或出售。经二氧化硅熔炼炉法处理过的砷碱渣及其副产物均为低毒或无毒，不会造成二次污染，因此此法是一种既经济又高效环保的砷碱渣处理方法。其方法的主要原理是在砷碱渣或砷碱渣预处理得到的含砷复合盐中加入 SiO_2，入熔炼炉冶炼，得到硅酸钠、金属锑及砷锑氧化物。其化学反应原理为：

$$4Na_3AsO_4 \xrightarrow{\text{高温}} 6As_2O_5 + Na_2O$$
$$As_2O_5 \longrightarrow As_2O_3 + O_2 \uparrow$$

　　当砷碱渣中其他杂质比较少时，二氧化硅当作还原剂加入，此时大部分砷进入气相，小部分砷还原成金属砷进入金属相，砷碱渣脱砷锑后与多余的二氧化硅生成硅酸钠：

$$Na_2O + nSiO_2 \longrightarrow Na_2O \cdot nSiO_2(Na_2SiO_3)$$

2.1.2 砷碱渣的湿法处理工艺

在湿法工艺中，首先是将渣破碎至一定粒度后再浸出，利用砷碱渣中砷酸钠和亚砷酸钠能溶于水，而亚锑酸钠和锑酸钠不溶于水的性质实现砷锑分离，使砷溶出，然后对含砷溶液采用化学沉淀或离子交换等方法进行进一步处理。

图 2.2 所示为砷碱渣湿法处理的部分流程图，湿法处理的方法目前主要有化学沉淀法、氧化回流法等。

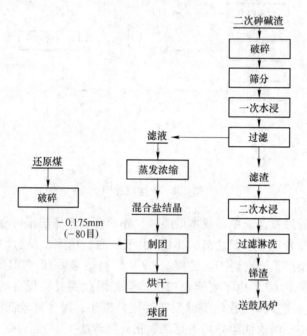

图 2.2 湿法处理部分流程图

2.1.2.1 化学沉淀法

化学沉淀法目前最常用的方法有钙盐沉淀法、铁盐沉淀法、硫化沉淀法，铝盐沉淀法、镁盐沉淀法等。

A 钙盐沉淀法

钙盐沉淀法是利用在水溶液中，砷酸钠和亚砷酸钠能与氧化钙、氢氧化钙或电石渣作用，生成砷酸钙和亚砷酸钙沉淀而除去砷。其反应为：

$$2AsO_4^{3-} + 3Ca^{2+} \longrightarrow Ca_3(AsO_4)_2 \downarrow$$
$$2AsO_3^{3-} + 3Ca^{2+} \longrightarrow Ca_3(AsO_3)_2 \downarrow$$

钙沉淀法曾被用来处理砷碱渣，其最大优点是处理费用低，主要缺点是产生了有毒的且不易处理的砷钙渣。钙渣沉淀法脱砷效果不理想，所需钙量比较大，而产生的砷钙渣既不能很好地处理与利用，又不能露天堆放，必须用专用库房堆放，增加了管理费用且具有一定程度的危险性（钙渣不稳定，易与二氧化碳发生反应生成砷酸）。曾经有工厂用钙渣做玻璃澄清剂，但由于效果不理想没有继续利用，所以钙渣沉淀法并没有真正消除砷的危害，它只是改变了砷的存在形式，产生了"二次污染"。

B　铁盐沉淀法

铁盐沉淀法是利用铁盐在溶液中易水解生成有较强吸附能力的胶状 $Fe(OH)_3$，并且实验证明胶体氢氧化铁对砷具有良好吸附作用。反应为：

$$AsO_4^{3-} + Fe^{3+} \longrightarrow FeAsO_4 \downarrow$$

此法的实质是一种吸附共沉淀的除砷过程，沉砷速度较快，由于铁盐价廉易得，故此法的运行费用较低，但经试验发现，pH 值，Fe/As 比和沉淀温度对反应的影响较大，产生的砷铁渣难以进行进一步的处理；此外，氢氧化铁是一种胶状物，过滤性能较差，这些都极大地制约了铁盐沉淀法的推广应用。

C　硫化沉淀法

硫化沉淀法的原理是在含砷酸的溶液中通入 H_2S 气体或加入 Na_2S、$NaHS$，使溶液中 As^{3+} 和 As^{5+} 与 S^{2-} 发生如下反应：

$$2As^{3+} + 3S^{2-} \longrightarrow As_2S_3 \downarrow$$

$$2As^{5+} + 5S^{2-} \longrightarrow As_2S_5 \downarrow$$

硫化沉砷的过程如图 2.3 所示。

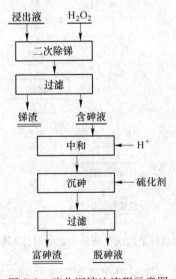

图 2.3　硫化沉淀法流程示意图

此法能较彻底地脱除砷碱渣浸出液中的砷，处理工艺简单，适用范围广，对低浓度的含砷溶液也能达到较好的处理效果，被广泛应用于处理含砷废料，此法产生的富砷渣（含砷30%左右）可进一步资源化，它既可用作炼砷的原料，又可作为制取木材防腐剂的原料。

2.1.2.2　氧化回流法

目前，我国的锑深加工产品主要有超细三氧化二锑、高纯三氧化二锑、催化剂型三氧化二锑、醋酸锑、乙二醇锑、锑酸钠、锑酸钾、胶体五氧化二锑、高纯锑等。我国是锑资源大国，但却进口大量锑深加工产品，若经过一系列湿法工序能以砷碱渣制备出具有较高附加值的锑深加工产品，则不但治理了污染，在产生社会效益的同时，也产生了经济效益，可谓一举两得。中南大学研究了一种湿法处理砷碱渣制备胶体的新工艺，其主要为水浸、酸浸、水解和胶体制备。流程图如图2.4所示。

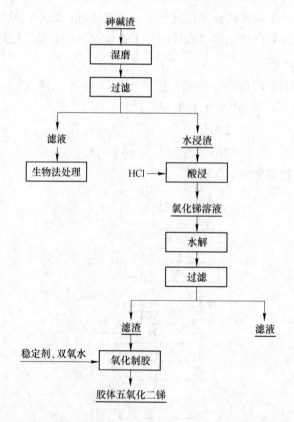

图 2.4　以砷碱渣为原料采用氧化回流法制备胶体五氧化二锑的工艺流程

根据图2.4，以砷碱渣为原料采用氧化回流法制备胶体的主要过程可概括为4个主要步骤，分别为水浸、酸浸、水解和胶体制备。水浸的主要目的是实现砷锑的分离，使砷进入溶液而锑依旧留在渣中，因此水浸要尽可能降低锑的浸出。

影响锑浸出率的主要因素为浸出时间、液固比、温度和搅拌强度。酸浸处理是使水浸渣中的锑进入溶液为后续处理作好准备，必须极力提高锑的浸出率。浸出剂的性质、浸出温度、浸出时间和液固比对锑的浸出率有很大影响。水解反应比较复杂，水解最终产物为氧化锑混合物，其是制备胶体的直接原料；同时水解也是一个除杂的过程，根据溶度积常数，一些杂质金属粒子被留在溶液中，与锑分离。胶体制备是整个流程的最后一个工序，在这个过程中，稳定剂对胶体的形成非常重要，稳定剂的种类及用量决定了胶体粒子的大小及性能。通过对整个工艺的优化，最终得到粒径小、分布均匀、稳定性高的胶体。

2.1.2.3　胶溶法

图 2.5 所示为采用胶溶法制备胶体的工艺流程，由于其前期的水浸和酸浸的工艺与氧化回流法相同，故图 2.5 只描述了其与氧化回流法不同的工艺过程。以砷碱渣为原料采用胶溶法制备胶体五氧化二锑的主要过程也可概括为水浸、酸浸、氧化、水解和胶体制备。与图 2.4 相比，图 2.5 所描述的工艺过程是先氧化后水解，水解产物为五氧化二锑，再进行胶体制备。胶溶法主要是在有稳定剂的条件下，通过外力，使新生成的沉淀重新分散为小颗粒。所以，目前主要以氧化回流法制备胶体。

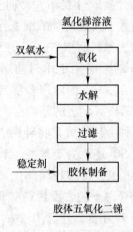

图 2.5　以砷碱渣为原料采用胶溶法制备胶体五氧化二锑的工艺流程

2.1.3　砷酸钠复合盐法

砷酸钠复合盐法是把砷碱渣的浸出液直接蒸发浓缩后再烘干，产出砷酸钠复合盐或无水砷酸钠复合盐，这两种复合盐都可替代白砷作澄清剂，生产优质玻璃。砷酸钠复合盐的制备流程图如图 2.6 所示。

这种方法曾被广泛应用于处理砷碱渣，它不产生废渣，基本达到了回收金属

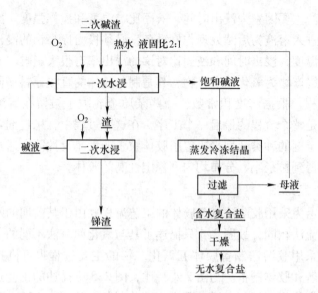

图 2.6 砷酸钠复合盐制备流程

锑、消除砷污染、变害为利的目的。但其也存在着能耗高、管道易堵塞、产品成分不稳定等缺点，并且由于混合盐成分波动大，加上其中含锑，影响玻璃质量，用户难以接受，致使企业又堆置了大量的砷酸钠复合盐，因此，此法也没能达到资源再利用的目的。以砷碱渣为原料制取 As_2O_3 的工艺中，As_2O_3 的最主要用途是制木材防腐剂，美国约 90% 的砷应用于木材防腐，所以，从含砷废料中提取 As_2O_3 是治理砷污染的有效途径之一。国内许多学者和科研机构都成功地以砷废料为原料制取出了 As_2O_3。在钙渣沉淀法的基础上发明了一种新工艺制取 As_2O_3，实现了对砷碱渣的资源化。这种方法主要是将砷钙渣用酸溶解，不溶渣进行二次溶砷，然后把所得砷酸溶液用 SO_2 还原为亚砷酸，利用亚砷酸溶解度低的特点将其冷却结晶，析出粗 As_2O_3。此工艺可实现闭路生产，没有产生废渣、废水，而且还从砷碱渣中回收了含锑 55% 以上的二次锑精矿和纯度达到 95% 以上的粗白砷及可供工业生产用的烧碱和石膏（含砷小于 0.2%），是一种处理砷碱渣的有效方法。由于目前生产 As_2O_3 的厂家越来越多，我国的 As_2O_3 生产能力在 1997 年就已达到 15000t，位居世界第一，因此该方案受到经济效益的制约，难以推广应用。

由于高纯砷可用于生产高纯分析试剂、砷化镓等半导体材料和卤化物玻璃等，市场对于高纯砷的需求越来越大，因此，从含砷废料中提取金属砷逐渐受到重视，国内外一些学者也都对此进行了研究，表明从含砷废渣中提取高纯金属砷是可行的，不但治理了环境污染，回收了资源，而且可取得良好的经济效益。

2.1.4　其他方法

另外，湿式脱砷还有膜透析法、电解法、吸附法、离子交换法、萃取法等。一般来讲，这几种方法只是对低浓度的含砷溶液有较好的处理效果，许多研究都只停留在溶液中砷浓度低于 10^{-6} 的水平。在使用吸附法脱砷时，活性氧化铝和活性炭是最常用的吸附剂，但处理溶液时 pH 值对处理效果影响大，而且到达吸附平衡所需时间长，例如活性炭在 pH 值为 4 的条件下，吸附效果最佳，而大部分吸附发生在开始 24h 内，达到吸附平衡约需 72h。离子交换法对溶液中砷的去除效果取决于溶液中的砷浓度和硫酸盐浓度，在硫酸盐浓度（<10mg/L）较低的含砷溶液中，阴离子交换是一种低成本处理砷污染的途径。此外，文献也报道了乙酰胺、磷酸三丁酯（TBP）等试剂可以萃取除去溶液中的砷，但萃取剂往往价格昂贵，导致处理成本过高。曹修运借鉴膜透析技术尤指浓差透析电渗析，在废水处理方面取得的显著效果，提出用膜透析技术直接对砷碱渣浸出液进行处理，将浸出液中的砷分离，回收适于造纸工业应用的含砷小于 $40mg/m^3$ 的 8%（质量分数）NaOH 溶液，使浸出液中的砷得到进一步富集，而且使浸出液的碱度大大下降，为进一步处理溶液中的砷创造了条件。上面所述的几种湿法处理方式，处理成本较高，在工业上的可行性还有待于进一步研究。

固化填埋：简单的填埋安全性很低，因此不能直接对砷碱渣进行填埋处理，需经过固化处理后才能填埋。国外许多学者就含砷废渣的固化进行了深入的研究，并取得了理想的结果。有资料指出，用 Ca^{2+} 和 Fe^{3+} 做沉砷剂联合处理含砷溶液，处理后的溶液能达到排放标准，沉淀得到的砷渣用水泥和石灰进行固化处理后填埋。实验表明，固化后的砷渣经破碎后用水浸出，浸出液中的砷浓度可以达到环保要求。这一方法受到许多学者的认同，美国环境保护署也认为水泥固化是处理强毒性元素的最好的方法。尽管此法简便易行，安全性较高，但由于我国人多地少，不适合我国国情。

2.2　工业上的现状

我国锑矿大都含有砷，冶炼过程中，砷经氧化、还原后进入到粗锑中。传统的方法是，粗锑通过加入纯碱（碳酸钠）精炼除砷成为精锑产品，砷氧化后的砷化物作为废物排出，被称为砷碱渣。这类渣含锑 20%～40%，含砷 1%～5%，因砷碱渣中含锑较高，通常冶炼企业还要将砷碱渣投入反射炉进行处理，这一过程产生的渣称为二次砷碱渣，其中锑含量为 10% 以下，砷 4%～10%。按照这种传统方法所产生的砷碱渣被称为老砷碱渣，每生产 1 万吨精锑将产生老砷碱渣 800～1000t。

砷碱渣一直没有比较好的处置技术，是锑冶炼生产中的世界性难题。从 20 世纪 60 年代开始，湖南锡矿山锑业公司开始探索砷碱渣综合利用技术，80 年代初，先后建设了两条砷碱渣综合利用生产线，由于设备技术问题及最终含砷产品成分不稳定、没有商业用户而告失败。2002 年，中南大学和深圳东江环保公司采用水浸回收锑、电解回收金属砷的方法处理砷碱渣，但金属砷的转型技术问题还有待攻关完善。

近年来，湖南锡矿山闪星锑业有限公司成功开发精炼快速除砷专利技术，已在本企业冶炼生产线采用，并已推广应用到云南、贵州、湖南、江西等省的几十个锑冶炼企业。该法采用快速除砷剂替代传统的除砷剂——碳酸钠，在炼锑时间缩短和完全除砷的情况下，砷碱渣产生量减少一半，这种方法产生的砷碱渣称为新砷碱渣，每生产 1 万吨精锑产生新砷碱渣 400~500t，渣中锑含量 20%~30%，砷含量 10%~20%，锑、砷较为富集。目前湖南锡矿山锑业公司对新砷碱渣采用砷碱分离法回收处理取得较大突破。该法是将块状的新砷碱渣破碎到小于 5mm，水浸过滤得到锑渣和洗滤液，对洗滤液进行氧化深度除锑处理，除锑后的滤液进行砷碱分离得到七水砷酸钠和碱液。七水砷酸钠可直接出售或加工干燥后出售，碱液浓缩后成液碱可重复使用。目前已完成 100kg 规模的工业性试验。采用精炼快速除砷方法和砷碱分离法处理新砷碱渣，砷产品有市场需求，工艺技术具有一定的可靠性和先进性，有推广应用价值。利用该法处理老砷碱渣，水浸除锑工艺是一致的，除砷工艺不同，由于砷含量低，砷回收产品市场前景不好。下面整理了当前砷碱渣处理在工业应用上的一些现状。

2.2.1　无污染砷碱渣处理技术

对于锑碱性精炼中产出的砷碱渣，由于亚锑酸钠、锑酸钠不溶解于水，因此，容易把它们与砷酸钠等可溶性钠盐分离开。二氧化碳与碳酸钠发生反应形成碳酸氢钠，而碳酸氢钠的溶解度远小于碳酸钠的溶解度，因此，向脱锑液中通入二氧化碳气体，可以脱除脱锑液中大部分碳酸钠。向脱碱液中加入硫化钠溶液，在酸性条件下可沉淀出砷的硫化物。向脱砷液中加入过饱和的氢氧化钡溶液，析出硫酸钡沉淀。有关的化学反应式如下：

$$CO_2 + H_2O \longrightarrow H_2CO_3$$
$$Na_2CO_3 + H_2CO_3 \longrightarrow 2NaHCO_3$$
$$2Na_2HAsO_4 + 5Na_2S + 6H_2O \longrightarrow As_2S_5 \downarrow + 14NaOH$$
$$2NaOH + H_2SO_4 \longrightarrow Na_2SO_4 + 2H_2O$$
$$Na_2SO_4 + Ba(OH)_2 \longrightarrow BaSO_4 \downarrow + 2NaOH$$

无污染砷碱渣处理技术包括脱锑、脱碱、脱砷、脱硫酸根 4 个工序，其工艺流程如图 2.7 所示。

处理方法如下：将砷碱渣破碎，在浸出釜中采用 80℃ 热水搅拌浸出，过滤后得到的锑精矿返回锑冶炼，砷等可溶性钠盐进入脱碱工序。把脱锑浸出液加入

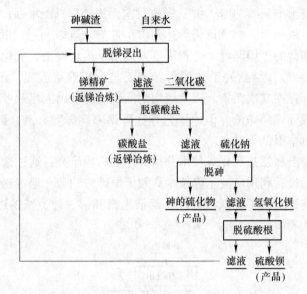

图 2.7 无污染砷碱渣处理技术工艺流程

到反应釜内，通入二氧化碳气体，在 40℃ 和中性 pH 值条件下搅拌脱碱，取过滤液分析 Na_2CO_3 和 $NaHCO_3$ 含量，确定脱碱工序的终点；过滤后得到的碳酸盐返回锑冶炼，脱碱液进入脱砷工序。向脱碱液中加入硫化钠和硫酸溶液，在 60℃ 和酸性 pH 值条件下搅拌脱砷，沉淀出砷的硫化物，脱砷液进入脱硫酸根工序。向脱砷液中加入氢氧化钡溶液，析出硫酸钡沉淀，脱硫酸根后液返回浸出脱锑工序。

　　工业上的大规模生产必须要考虑到技术的经济效益和环境效益，砷碱渣无污染处理技术的产品有：锑精矿、碳酸盐、砷硫化物和硫酸钡。在整个工艺流程中水溶液闭路循环，各次洗涤水返回浸出，没有废水外排；在整个工艺流程中没有新的废渣产生；在脱砷过程中产生的少量硫化氢废气已经采用氢氧化钠溶液吸收，吸收液可返回脱砷系统使用。砷渣处理过程本身不产生新的废气、废水、废渣，环境效益相当显著。因此，无污染砷碱渣处理技术是一个能实现锑业可持续发展的环境保护项目，具有良好的社会效益，也适合工业上的大规模推广。

2.2.2 锑冶炼砷碱渣有价资源综合回收工业试验研究

　　砷碱渣处理的关键在于渣中砷锑分离、砷碱分离以及砷碱资源的高效回收。仇勇海等人研究了水浸脱锑、CO_2 脱除碳酸盐、硫化钠酸性脱砷和氢氧化钡脱除硫酸根的锑冶炼砷碱渣处理工艺流程，如图 2.8 所示。但是砷的浸出率只有 96.5%，碳酸钠盐产品的砷含量达到 1.53%，同时脱砷过程中会产生硫化氢气体，需要严加防范。陈白珍等人提出了浸出、脱锑、CO_2 脱碱、脱砷的工艺流程，但是锑的浸出率只有 70%，并且锑渣目前无法处理只能堆存；产品碳酸钠经过洗涤、脱水、烘烤后，砷含量仍然达到 15% 左右，难以利用。以上两项技术都没有涉及砷酸钠盐的干燥问题。金哲男等人提出了热水浸出、氧化钙沉砷、硫酸溶砷、SO_2 还原和冷却结晶的工艺流程。该工艺为实验室流程，还存在消耗大、产品精石膏含砷存在二次污染、无法应用的问题。锡矿山闪星锑业有限责任公司建有中试生产线处理砷碱渣，但原工艺存在砷锑未能深度分离、砷碱难以分离、砷酸钠盐干燥效率很低等缺点。

利用水热浸出和锑盐氧化等技术分离锑砷的试验研究，通过选择性浓缩结晶技术分离砷碱，最后利用微波干燥技术高效干燥砷酸钠盐。通过这些技术的工业化生产试验研究，实现了砷碱渣处理的清洁生产和锑、砷、碱的综合回收利用。工艺流程如图 2.8 所示。

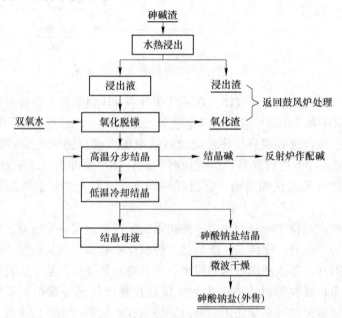

图 2.8　工艺流程

根据确定的最佳工艺参数，其工艺流程和方法如下：

将锑冶炼二次砷碱渣湿式破碎至 5mm 以下，然后在液固比 2∶1，浸出温度 95℃ 以上进行搅拌浸出 60min，过滤后得到浸出液和浸出渣，浸出渣返回锑鼓风炉处理，浸出液中加入双氧水，温度 60~80℃ 时，连续搅拌 60min，过滤后得到脱锑后溶液和氧化渣，氧化渣返回鼓风炉处理。

温度大于 80℃ 时，将脱锑后溶液浓缩结晶 180min，并适时缓慢搅拌，离心过滤后得结晶碱和滤液；滤液重复高温浓缩结晶 2 次，得结晶碱和浓缩结晶母液。当浓缩结晶母液砷质量浓度小于 70g/mL 后，进行低温冷却结晶，结晶温度小于 40℃，结晶时间大于 10h，离心过滤后得低温结晶母液和砷酸钠盐结晶，低温结晶母液返回高温浓缩分步结晶。

结晶碱和砷酸钠盐结晶输送至工业微波干燥机分别干燥，料层厚度均控制在 20mm，结晶碱的干燥时间 60min，砷酸钠盐结晶的干燥时间 120min。干燥后的结晶碱返回反射炉作为还原熔炼的配碱，砷酸钠盐作为产品外售。

利用水热浸出和锑盐氧化分离砷锑的试验结果见表 2.1。本次工业试验用砷碱渣的锑平均含量为 9.86%，砷平均含量为 4.51%，根据浸出渣、氧化渣的产出量和锑含量可得知锑总回收率为 95.27%。返回处理的浸出渣、氧化渣中砷含量均低于 0.6%，氧化脱锑后液锑质量浓度在 0.5g/mL 以下，实现了砷锑的深度分离，极大减少了砷在锑冶炼系统的循环。

表 2.1　砷锑分离实验结果

项　目		物　料			平均值
		第一批	第二批	第三批	
砷碱渣中含量/%	As	5.10	4.0	4.43	4.51
	Sb	11.57	8.5	9.5	9.86
浸出渣中含量/%	As	0.56	0.5	0.45	0.5
	Sb	40.05	35.85	36.1	37.33
氧化渣中含量/%	As	0.094	0.11	0.13	0.113
	Sb	47.78	47.25	47.36	47.46
脱锑后液中质量浓度/g·L⁻¹	As	10.44	11.03	9.77	10.46
	Sb	0.50	0.46	0.39	0.45

环境效益分析如下：锑冶炼砷碱渣综合利用关键技术实现了砷碱渣中锑、砷、碱的综合回收利用，而且消除了堆存砷碱渣所带来的环境风险。整个工艺过程没有"三废"产生，砷碱渣采用湿式破碎，基本无粉尘产生；浓缩过程产生的蒸汽全部收集供日常生产使用；收集"跑、冒、滴、漏"的废水供浸出使用；过程中产出的含锑渣返回锑冶炼系统处理，没有向环境排放废气、废水和废渣。应用该技术处理全国堆存的 20 万吨锑冶炼砷碱渣，可以减排并回收锑 14400t、砷 6000t、碱 64000t，环境效益显著。

经济效益分析如下：锑冶炼砷碱渣综合利用关键技术的应用，综合回收利用了砷碱渣中锑、砷、碱资源，过程中产生的浸出渣、氧化渣作为锑原料返回锑冶炼系统处理；结晶碱作为反射炉还原熔炼的配碱返回使用，或者作为玻璃生产助剂对外销售；砷以砷酸钠的形式回收，砷酸钠作为玻璃澄清剂对外销售，该工艺各项技术经济指标较之原有的老工艺也有了很大的优化，新老工艺技术经济指标对比分析见表 2.2。

表 2.2　新老工艺对比分析

指标名称	新工艺	原有工艺
锑回收率/%	95.27	90
砷回收率/%	95.21	85
锑渣含砷/%	<0.5	1
结晶碱含砷/%	<0.6	3
砷酸钠含砷/%	>16	<11
砷酸钠含碱/%	25	40
电耗/kW·h·t^{-1}	700	900
蒸汽单耗/t·t^{-1}	3	6
双氧水单耗/kg·t^{-1}	30	140
原辅材料、动力成本/元·t^{-1}	946	1566

建设 5000 吨/年锑冶炼砷碱渣综合利用处理生产线，每年可以回收锑 468t、砷 214t、碱 1600t，可以新增产值 2075 万元，经济效益可观。

2.2.3　锑冶炼砷碱渣水热浸出脱砷回收锑试验研究

将砷碱渣用破碎机破碎后筛分，使砷碱渣样品粒度小于 5mm 备用。取砷碱渣 200g 置于烧杯中，加水 400mL，使固液比保持 1∶2，开启水浴恒温搅拌器，使温度达到设定温度，然后启动搅拌器进行水热浸出，浸出结束后采用真空保温过滤；滤渣置于烘箱内在 150℃ 条件下烘干 24h，滤渣研磨后测定锑、砷含量。

2.2.3.1　浸出温度对浸出效果的影响

在固液比为 1∶2，浸出时间为 30min，温度 T(℃) 分别为：25、45、65、85、95 的条件下考察了温度对水热浸出脱砷的影响，其结果如图 2.9 所示。由图 2.9 可知，在试验温度区间内，砷浸出率基本上随浸出温度升高而增加，在 65℃ 时达到最大，而锑回收率在 45℃ 时达到最大回收率之后随浸出温度提高而降低。主要原因是由于砷酸盐在水溶液中的溶解度在 65℃ 左右达到峰值，温度升高有利于锑盐溶解。同时，试验中发现浸出温度升高，有利于实现过滤操作。

2.2.3.2　浸出时间对浸出效果的影响

在固液比为 1∶2，浸出温度为 95℃，浸出时间（min）分别为：30、60、90、120、150 条件下，考察时间对浸出效果的影响，实验结果如图 2.10 所示。从图 2.10 可知，浸出温度为 95℃ 时，随着浸出时间延长，砷浸出率缓步提高，但不明显。锑回收率虽处于小幅波动，但整体表现出随浸出时间延长锑回收率呈现微弱下降趋势。

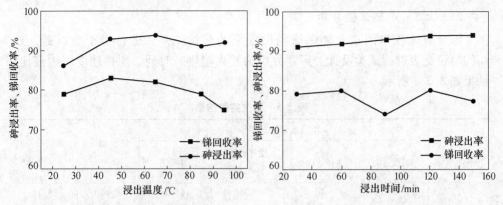

图 2.9 砷碱渣浸出温度与砷浸出率
和锑回收率的关系

图 2.10 浸出时间与砷浸出率和
锑回收率的关系

2.2.3.3 固液比对浸出效果的影响

在浸出时间为 30 min，浸出温度为 90℃，浸出固液比分别为 1∶2、1∶2.5、1∶3、1∶3.5、1∶4、1∶5 的条件下，考察固液比对浸出效果的影响，实验结果如图 2.11 所示。由图 2.11 可知，在不同固液比条件下，砷浸出率和锑回收率基本趋于稳定，说明砷酸盐的溶解性很好，在固液比为 1∶2 时已能较好地实现砷碱渣中的砷和锑分离，再增大固液比影响不大。

2.2.3.4 搅拌转速对浸出效果的影响

在浸出时间为 30min，浸出温度为 95℃、固液比为 1∶2 条件下，调整搅拌转速，考察搅拌转速对浸出效果的影响，实验结果如图 2.12 所示。从图 2.12 可知，随搅拌转速提高，砷浸出率缓步升高，锑回收率也保持缓步升高的趋势，提高搅拌转速可增加颗粒碰撞和摩擦机会，有利砷浸出。

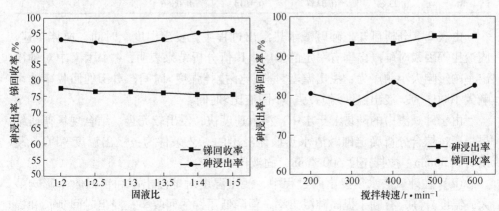

图 2.11 固液比与锑回收率和砷浸出率的关系

图 2.12 搅拌转速与锑回收率和
砷浸出率的关系

2.2.3.5 正交试验分析

综合前述各单因素对砷碱渣浸出效率的试验结果，进行了正交试验，选 $L_9(3^4)$ 正交表进行试验设计，因素分别为浸出温度、时间、搅拌速度、固液比，结果如表 2.3 所示。

表 2.3　正交实验结果

项　目	因　素　水　平				砷浸出率/%	锑回收率/%
	温度/℃	时间/min	搅拌转速/r·min⁻¹	固液比		
1	95	30	600	1:2	93.73	88.11
2	95	45	450	1:2.5	94.53	82.72
3	95	60	300	1:3	92.85	88.24
4	65	30	450	1:3	94.27	86.62
5	65	45	300	1:2	93.04	87.10
6	65	60	600	1:2.5	94.67	85.92
7	25	30	300	1:2.5	90.6	78.78
8	25	45	600	1:3	91.22	81.24
9	25	60	450	1:2	89.25	75.77
Ka1	93.7	92.87	93.21	92.07		
Ka2	94.0	92.93	92.75	93.27		
Ka3	90.42	92.32	92.16	92.78		
Ra	0.1071	0.0182	0.0313	0.0358		
Kb1	86.36	84.50	85.09	83.66		
Kb2	86.55	83.69	81.71	82.48		
Kb3	78.60	83.31	84.71	85.37		
Rb	0.2385	0.0357	0.1014	0.0866		

由表 2.3 分析可知，砷碱渣水热浸出过程中，浸出温度、时间、搅拌转速、固液比等因素对砷浸出率有一定的影响。R 值分析结果表明，4 个因素中对砷浸出率的影响大小顺序为：浸出温度>固液比>搅拌强度>时间；对锑的回收率的影响大小顺序为：浸出温度>搅拌强度>固液比>时间。

由于砷碱渣中的砷易溶于水中，溶解速度快，浸出较完全。结合现场调研结果，通过综合分析确定砷碱渣水热最佳浸出的工艺条件为：浸出温度 95℃，浸出时间 30min，搅拌速度 600r/min，固液比 1:2。

(1) 在砷碱渣水热浸出的过程中，浸出温度对砷浸出率和锑回收率影响最大，温度升高，有利于提高砷浸出率，但降低了锑的回收率；浸出时间延长和提高搅拌速度，有利于提高砷浸出效果，但不显著；提高浸出固液比，有利于提高砷浸出率。

（2）砷碱渣中的砷易溶于水中，溶解速度快，通过正交试验确定砷碱渣浸出的工艺条件为：浸出温度95℃，浸出时间30min，搅拌速度600r/min，固液比1/2。

（3）对锑冶炼产生的砷碱渣进行水热浸出脱砷处理，锑回收率和砷浸出率分别达到80%、90%以上，有效实现了砷锑分离，达到了综合回收的目的。

2.2.4 锡矿山闪星锑业炼锑砷碱渣处理生产实践

锡矿山作为我国炼锑业的领头羊，拥有较大规模的砷碱渣库存，为了防治废渣的污染以及变废为宝，对砷碱渣处理技术进行了大量的研究，许多已经大规模投入工业生产。其工艺流程如图2.13所示。

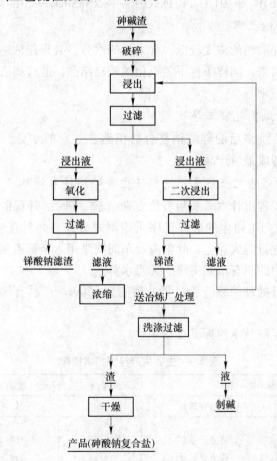

图 2.13　锡矿山闪星锑业炼锑砷碱渣处理生产工艺流程

2.2.4.1 破碎工序

本工序是将块状的砷碱渣破碎成细粒，以利于浸出。

2.2.4.2 浸出过滤工序

本工序是将砷碱渣中砷与锑及灰分分离开来。由于砷碱渣的砷基本上是以砷酸钠形式存在,砷酸钠是易溶于水的,而砷碱渣中的锑以及灰分不溶于水,浸出过滤就是利用这一原理将砷碱渣中砷、锑、灰分分离出来。

2.2.4.3 氧化工序

在浸出过程中,少量的可溶性锑被溶解于浸出液中,如果任由这部分锑进入下道工序,一来会影响产品砷酸钠的质量,二来经济上也不合算。本工序的目的就是回收这部分锑。其基本原理是将可溶性锑氧化成不溶于碱液的五价锑,通过离心过滤从溶液中分离出来。其化学反应为:

$$Sb_2O_3 + 2H_2O_2 + 2NaOH \longrightarrow 2NaSbO_3 + 3H_2O$$

2.2.4.4 浓缩工序

由于浸出中砷酸钠的浓度较低,含大量的水分,必须经浓缩处理,以使大部分的砷酸钠结晶出来,同样条件下氢氧化钠较难结晶,通过离心洗涤,可以将部分氢氧化钠分离出来。

2.2.4.5 干燥,包装工序

经浓缩、离心洗涤后的砷酸钠复合盐仍然含一定的水分,必须进行干燥处理,然后包装,即成最后产品。

2.2.4.6 砷碱渣生产线生产规模及主要经济技术指标

砷碱渣处理工程设计本着利用有价资源(锑、砷)、环保的原则,不生产新的"三废";对易产生粉尘的破碎工序采用湿式破碎,并对有粉尘产生的破碎、干燥、包装工序进行湿式除尘,除尘液及车间洗涤用水全部返回浸出使用,闭路循环;排入大气中的只有浓缩工序的无毒水蒸气。

生产规模为日处理砷碱渣 4t,年处理能力 1200t。产品有锑渣、砷酸钠复合盐、固碱。

其主要生产经济技术指标见表 2.4。

表 2.4 主要生产经济技术指标

指 标 名 称		单位	数量	备注
一、设计规模	砷碱渣处理量	t/d	4	
二、产品产量	锑渣质量	t/a	710	干重
	锑渣含锑	t/a	490	
	砷酸钠	t/a	304	
	锑酸钠	t/a	29	
	液碱	m³/a	120	

指　标　名　称		单位	数量	备注
三、金属回收率	锑	%	91.27	
	砷	%	82.67	
四、主要生产工艺指标	锑渣生产能力	t/a	800	毛吨
	砷酸钠生产能力	t/a	300	
	固碱生产能力	t/a	300	
	锑酸钠生产能力	t/a	50	
五、原辅材料、燃料需要量	砷碱渣	t/a	1200	
	双氧水	t/a	36	
	蒸汽	t/a	14400	
六、用水指标	总用水量	t/a	21000	
	其中:生活用水	t/a	1500	生活用水
	冷却水量	t/a	15000	
	工艺补充水量	t/a	1500	
	污水排放	t/a	1500	生活用水
七、供电指标	设备装机容量	kW	340	
	设备工作容量	kW	150	
	年耗电量	kW·h	1080	
八、建筑工程量	建筑面积	m²	1550	
	绿化及道路面积	m²	1000	
九、劳动定员及劳动生产率	车间职工人数	人	42	
	其中:生产员工	人	39	
	技术管理员工	人	3	

锡矿山闪星锑业炼锑砷碱渣处理工业生产运行的各项程序参数及主要设备如下:

(1) 破碎。

以每年 300 天的工作日计算,破碎量 4t/d,砷碱渣块度 200~300mm。采用 pc600×400 锤式破碎机,200~300mm 块度的砷碱渣可以直接破碎。

(2) 浸出。

新砷碱渣处理量 4t/d,两个浸出罐同时作业,每罐处理 1.0t,每天处理 4 罐,浸出液固比(体积比)2.5:1,浸出温度 90~100℃,一个浸出作业周期 10h。浸出罐总容积 4m³,有效容积 3.2m³,采取两段流浸出。

（3）过滤。

扩大实验表明，新砷碱渣水浸渣由粗渣和细渣两部分组成。粗渣含金属锑，颗粒粗，密度大；细渣主要为氧化物，极细，难过滤。采用两种过滤方法；粗渣真空过滤，细渣板框过滤。砷酸钠和锑酸钠用离心机过滤，最大限度地脱除夹带的氢氧化钠和水。

（4）浓缩结晶。

浓缩罐 4 个，蒸汽加热。每个浓缩罐容积 $6m^3$，加热面积 $25m^3$。取每小时每平方米加热面积蒸发量 $10kg$ H_2O，则三个 $6m^3$ 浓缩罐的蒸发能力为 $750kg$ H_2O/h。每天一个罐有两个班处于冷却结晶过滤状态，三个罐处于浓缩状态，日蒸发水量 10t。每天处理 4t 砷碱渣产生的溶液量为 $10m^3$，需蒸发至 $3m^3$，加上砷酸钠洗水 $2m^3$，需蒸发水量 $10m^3$。浓缩完成后通冷却水冷却结晶，离心过滤。

（5）氧化。

氧化与浸出配套，氧化罐与浸出罐相同，采用蒸汽加热。

（6）干燥。

根据物料的性质及经过多次试验结果表明，含水砷酸钠采用真空干燥机干燥比较合适：1）干燥过程产尘量小，废气量少；2）采用余热锅炉蒸汽为热源，成本低。经离心过滤脱水的砷酸钠加入空心桨叶干燥机中，通蒸汽干燥。每次加 1~2t 砷酸钠开机干燥 4~8h 后出料。干燥后的砷酸钠过 0.122mm（120 目）筛后进入锥形双螺旋混合机中，筛上物返回干燥机中。

（7）砷酸钠产品包装。

锥形双螺旋混合机中的砷酸钠产品，开机混合 10~20min，由下部分的螺旋送入自动包装机中按 25kg 包装入库。

（8）通风收尘。

破碎：破碎采用水破，产生的少量粉尘由一台 SX12 三效湿式除尘器搜集，尾气排空。

干燥、包装：干燥和包装粉尘由一台 SX12 三效湿式除尘器搜集，尾气排空。两台除尘器可并联或串联工作，共用低位水槽。

浸出、浓缩挥发蒸汽：经排气管道自然冷却后自然排空。

三效湿式除尘器处理含尘量小于 $20mg/m^3$ 的气体可达排放标准。实际表明，破碎、干燥、包装产生的气体含尘量远小于 $20mg/m^3$。

（9）熬碱。经浓缩、结晶、离心过滤分离出来的液碱在熬碱锅中脱水，经结片机、冷却剂制成片碱。片碱年产量 80t，采用 $\phi2000mm$ 熬碱锅，$\phi500mm$ 结片机，$\phi400mm$ 冷却剂。熬碱年作业日 100 天。

2.2.4.7 工业实践中的环境保护措施及结构

整个工艺过程采用全封闭闭路循环，将生产过程中新的三废减小到最低限度。工程的主要污染物为粉尘，少量废气、废渣、噪声等（见表2.5）。

表2.5 工程主要污染明细表

污染物类别	产生源/工序	成分	治理措施	排放浓度
含尘气体	破碎、干燥、包装	粉尘	通风除尘措施	砷氧化物含量小于0.3mg/m³
工艺废水	湿式收尘	含砷粉尘	返回浸出工序	0
噪声	真空泵、空压机、破碎机	—	消声，防震装置	设备噪声小于85dB（A）
煤渣	熬碱锅	—	渣场堆放	—

砷碱渣的破碎过程中，破碎产生的粉尘，产品包装产生的粉尘，通过采取强制抽风，再通过三效湿式除尘器进行处理，不直接对外排空；产品干燥采用产尘量小的真空干燥机干燥，加三效湿式除尘器收尘。本工程中的生产用水闭路循环。车间内部设有生产废水收集沟和两个废水收集池，收集跑冒滴漏废水和洗手废水，收集的废水和湿式收尘产生的废渣、废水送至浸出工序使用。系统的水平衡通过蒸汽浓缩蒸发部分水来保持。生活用水汇入总厂废水系统处理后排放。雨水经系统收集直接排放。

扩大实验结果表明，以上废气污染物的排放，均可满足《大气污染物综合排放标准》中二级标准的规定，能够达标排放；工艺废水闭路循环，生活废水排放均符合《污水综合排放标准》。

以2006年的一组数据为计算依据，工业生产的运行结果如下：

（1）投入量。

2006年共处理砷碱渣1209.47t，其中新砷碱渣1099.47t，二次砷碱渣110t。

（2）日处理量。

累计生产天数为267天，日处理量为：（1209.47+110）÷267=4.94t。

（3）锑的回收率。

新砷碱渣中含锑：1099.47×29.115%＝320.107t（新砷碱渣平均含锑29.115%）

二次砷碱渣含锑：110×12%＝13.2t（二次砷碱渣平均含锑12%）

砷碱渣合计锑含量：320.107+13.2=333.307t

产出锑渣：540.373t

锑渣平均含锑：56.185%

锑渣锑含量：540.373×56.185%＝303.6t

锑回收率：303.6÷333.307=91.08%

（4）砷回收率。

砷碱渣含砷：1209.47×4.51%＝54.574t（砷碱渣平均含砷4.51%）

二次砷碱渣含砷：110×3.12%＝3.531t（二次砷碱渣平均含砷3.12%）

产出砷酸钠：294.60t

砷酸钠平均含砷：17.10%

砷酸钠砷含量：294.60×17.10% = 50.377t

砷回收率：50.377÷（54.574+3.531）= 86.7%

（5）砷的走向。砷碱渣的砷主要进入砷酸钠混合盐中，少量进入锑渣中。

锑冶炼砷碱渣有价资源综合回收工业试验结论：

（1）砷碱渣综合回收处理生产线现已连续生产三年，完全能满足工业生产的要求。

（2）实现砷、锑、碱的有效分离，回收有价金属，符合循环经济原则。砷被分离出来，产品锑渣由生产企业冶炼系统处理，砷酸钠出售给玻璃行业作清洁剂，碱被用于炼锑精炼除砷，并且不产生新的污染，环保达标。

（3）解决困扰锑生产企业的砷碱渣问题，并且产生一定的经济效益和巨大的环保效益，为国内外首创。

以上这些砷碱渣的处理方法虽然满足了对砷碱渣的处理，减小了对环境的污染并产生经济效益，但是这些方法依旧不能达到环保要求，剩余的砷酸钠复合盐依然含有剧毒，且难以分离处理，所以对砷酸钠复合盐的分离处理显得尤为重要。

2.3 砷碱渣中硒的浸出

本书需要特别提出的是，以往的研究几乎没有提到关于砷碱渣中硒的浸出。事实上，砷碱渣主要成分存在的形态为亚锑酸钠、锑酸钠、砷酸钠、亚砷酸钠、单质锑以及亚硒酸钠等。砷碱渣经水浸出以后，易溶于水的物质进入溶液，而不溶性物质则随锑渣一起进入沉淀。硒以不溶于水的亚硒酸盐形态存在于锑渣中，只有极少部分以溶于水的亚硒酸盐形态进入溶液，而硒酸盐易溶于水。因此如果要使锑硒分离，必须将难溶性亚硒酸盐转化为易溶性硒酸盐。

2.3.1 硒浸出原理

由于亚硒酸盐溶于水，而硒酸盐不溶于水，所以根据这种性质，可将难溶于水的硒酸盐转化为易溶于水的亚硒酸盐，其半反应如下：

$$SeO_4^{2-} + H_2O + 2e \Longrightarrow SeO_3^{2-} + 2OH^-$$
$$E_0 = +0.005V$$

通过硒的形态转化，硒进入溶液，而锑以锑酸钠沉淀形式留在渣中，实现锑与硒的分离。综合各方面考虑，最终选择了使用双氧水作为氧化剂。双氧水作为氧化剂的半反应如下：

$$HO_2^- + H_2O + 2e \Longrightarrow 3OH^-$$
$$E_0 = +0.878V$$

　　浸出过程包括下列阶段：（1）经过固体表面上的液膜层，液相中的反应物向固相表面扩散传质；（2）反应物经过固相产物层或残留的不被浸出的物料层扩散传质；（3）在被浸出物表面上的化学反应；（4）被溶解物经固相产物层由反应表面向外扩散；（5）被溶解物经过固相表面上的液膜层向溶液内扩散。如果在浸出时没有固相产物生成，则阶段（2）和（4）就不复存在。但当被浸出的固相反应物分散在惰性物料（如石英岩）中，即使没有新的固相产物生成，由交互反应所形成的溶解性产物还必须通过惰性物料层扩散，因此过程仍然包括了上述 5 个阶段。

　　浸出过程可分为内扩散控制、化学反应控制、外扩散控制等。如果各阶段的阻力可以相对比较时，则存在着混合控制。其浸出过程动力学方程为：

$$1 - (1 - x)^{1/3} = \frac{Mk_0 c}{br_0 \rho} t$$

式中　ρ——固体反应物的密度；

　　　r_0——固体颗粒初始反应半径；

　　　b——固体反应物计量系数；

　　　M——固体反应物的摩尔系数；

　　　k_0——反应速率常数；

　　　c——液体反应物质量分数。

　　对于固定体系，当流体反应物质量分数 c 近似不变时，上式可化简为下式：

$$1 - (1 - x)^{1/3} = kt$$

2.3.2　硒的浸出试验

　　为了优选砷碱渣中硒的浸出率，以硒的浸出率为考察指标，搅拌速度、反应温度、双氧水的用量、NaOH 溶液体积、反应时间等为考察因素做五因素四水平的正交试验。其因素与水平设计见表 2.6。

表 2.6　正交试验因素与水平

因素水平	搅拌速度 /r·min⁻¹	温度 /℃	双氧水 /mL	NaOH 溶液 /mL	反应时间 /min
1	200	30	10	2	30
2	300	40	15	4	45
3	400	50	20	6	60
4	600	60	25	8	75

　　取一定量砷碱渣，用研钵研成粉末，放入烧杯中。倒入预热好的去离子水，在水浴锅里用电机电动搅拌器搅拌预热，一段时间后取出烧杯，抽滤。将滤渣留

在烧杯中放入水浴锅，加入预热好的去离子水，并加入一定量的氢氧化钠溶液和双氧水，在一定的搅拌速度后浸出，实现锑硒分离。

根据正交表确定的最优条件，在保持其他条件不变的前提下，分别改变双氧水的用量或浸出温度，对浸出时间取样，用原子荧光光度计测量硒的浓度。实验结果见表 2.7。

表 2.7　双氧水浸出硒的正交表

实验号	搅拌速度 /r·min^{-1}	温度 /℃	双氧水用量 /mL	碱性	浸出时间 /min	浸出率 /%
1	200	30	10	2	30	35.09
2	200	40	15	4	45	70.58
3	200	50	20	6	60	76.39
4	200	60	25	8	75	66.27
5	300	30	15	6	75	40.75
6	300	40	10	8	60	74.31
7	300	50	25	2	45	79.49
8	300	60	20	4	30	76.91
9	400	30	20	8	45	43.51
10	400	40	25	6	30	82.20
11	400	50	10	2	75	74.62
12	400	60	15	2	60	77.56
13	500	30	25	4	60	55.16
14	500	40	20	2	75	80.75
15	500	50	20	8	30	74.52
16	500	60	10	6	45	75.38
极差	9.37	33.33	5.93		4.67	5.26

由表 2.7 看出，影响双氧水浸出硒浸出率的条件优先顺序为：浸出温度>搅拌速度>双氧水用量>浸出时间>碱度。由于双氧水浸出硒的最适合温度为 40℃，过高温度和过低温度都会使硒的浸出率降低。双氧水浸出硒要在碱性条件下进行，但考虑到双氧水会在碱性条件下分解，所以碱性过低并不能很好的浸出硒，碱性过高也会使双氧水分解过多使得硒的浸出率过低，增加搅拌速度和增加双氧水的用量都能使硒的浸出率增加。增加反应时间使硒的浸出率先增加，当达到 60min 时浸出率达到最高，倘若继续增加反应时间浸出率会有所下降。综上所述得出双氧水浸出硒的最佳条件为：浸出温度为 40℃、搅拌速度为 400r/min、碱度为加入 40%NaOH 溶液 6mL、浸出时间为 30min、氧化剂用量为 25mL，硒的浸

出率达到 82.20%。

2.3.3 硒浸出动力学

2.3.3.1 浸出温度对浸出硒的影响

保持其他条件不变，改变浸出温度为 40℃、50℃、60℃（因为当温度为 30℃时，浸出率极低，在此不予考虑），然后在浸出过程中间隔一定时间取样，试验结果见图 2.14。从图可看出，浸出硒的最适宜温度为 40℃。根据不同浸出温度下所得到的浸出率，作 $1-(1-x)^{1/3}$ 与时间 t 的关系曲线，如图 2.15 所示。

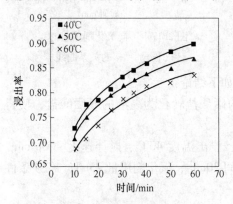 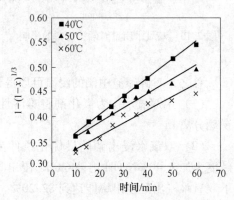

图 2.14 浸出温度对硒浸出率的影响　　图 2.15 不同温度时的 $1-(1-x)^{1/3}$-t 关系曲线

图 2.15 表明，$1-(1-x)^{1/3}$-t 为线性关系，计算出不同温度下直线的斜率即 k，再作 $\lg k$ 对 $1/T$ 曲线，可以看到 $\lg k$ 与 $1/T$ 成线性比例关系，根据阿伦尼乌斯（Arrhenius）公式，$\lg k \sim 1/T$ 直线的斜率就是反应活化能。因此，可以计算出浸出硒的反应活化能 $E=-15.4906\text{kJ/mol}$。

2.3.3.2 双氧水用量对浸出硒的影响

保持其他条件不变，改变双氧水的用量分别为 15mL、20mL、25mL（当用量为 10mL 时硒的浸出率非常低，在此不予考虑），然后在浸出过程中间隔一定时间取样，结果见图 2.16。由图 2.16 看出，砷碱渣中硒浸出率随双氧水用量的增加不断提高。值得注意的是使用双氧水作为氧化剂，必须要保持一定的碱性环境，这样硒的浸出率才会达到一个较好的效果。

根据图 2.16 数据，作 $1-(1-x)^{1/3}$-t 的关系曲线如图 2.17 所示，可见 $1-(1-x)^{1/3}$-t 为直线。

综上所述，浸出温度和双氧水用量对硒浸出率都产生了很大影响，从试验数据来看，当浸出温度为 40℃，使用 25mL 双氧水为氧化剂时浸出率达到理想效果。$1-(1-x)^{1/3}$-t 有良好的线性关系，表明此时双氧水浸出硒的过程符合典型的缩芯模型，属于化学反应控制。

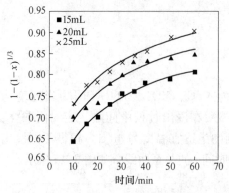

图 2.16　双氧水用量对硒浸出率的影响

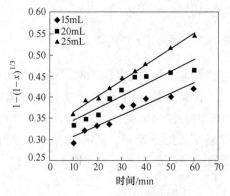

图 2.17　不同氧化剂用量时
$1-(1-x)^{1/3}-t$ 的关系曲线

总之，对砷碱渣中硒的浸出可以得到如下结论：

（1）用双氧水作为氧化剂将难溶性的硒酸盐转化为易溶的亚硒酸盐，使得锑硒分离。

（2）双氧水浸出硒的最优化条件为：浸出温度 40℃、搅拌速度 400r/min、碱度为加入 40%NaOH 溶液 6mL、浸出时间 30min、氧化剂用量 25mL。在该条件下双氧水浸出硒浸出率能达到 82.20%。

（3）双氧水浸出硒的反应为化学控制，其反应活化能为 $E = -15.4906kJ/mol$。

3 砷酸钠复合盐分离技术

砷酸钠复合盐是砷碱渣浸出母液经蒸发或是结晶得到的一种砷含量较高的复合盐，主要是以砷酸三钠为主，其中含砷酸钠 43% ~ 56%，碳酸钠 33% ~ 47%，硫酸钠 6.5% ~ 8.5%。该复合盐主要是用于玻璃制造业，是很好的澄清剂。沈阳冶炼厂于 1973 年年初首先发现将砷碱渣处理后得到的砷酸钠用于玻璃制造工业，是很好的玻璃澄清剂。随后锡矿山将砷酸钠复合盐做同样处理，发现含砷酸钠、碳酸钠和硫酸钠的复合盐同样可以用作玻璃澄清剂。

目前对砷酸钠复合盐处理的研究比较少，主要有二氧化碳置换法、饱和碳酸钠溶液提纯法、离子交换膜分离法、结晶分离法。

3.1 二氧化碳置换法

砷碱渣处理后的复合盐含有大量的碳酸钠，找到合适的方法将其中组分——分离是合理利用复合盐的最终目标。碳酸钠溶液可与过量的二氧化碳反应生成碳酸氢钠，而碳酸氢钠的溶解度远远小于碳酸钠的溶解度。因此高浓度的碳酸钠溶液通入过量的二氧化碳可以脱除复合盐中大量的碳酸盐。随后向复合盐溶液中加入硫化钠溶液，在酸性条件下可沉淀出砷的硫化物，达到分离砷的目的。其化学原理和工艺流程（图 3.1）如下：

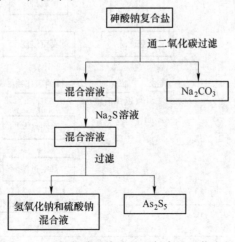

图 3.1 二氧化碳置换法处理复合盐工艺流程

$$CO_2 + H_2O \longrightarrow H_2CO_3$$

$$Na_2CO_3 + H_2CO_3 \longrightarrow 2NaHCO_3$$

$$5Na_2S + 6H_2O + 2Na_2HAsO_4 \longrightarrow As_2S_5 \downarrow + 14NaOH$$

从上面的化学方程式和工艺流程可以看出，此法原理简单，操作方便，但是此法药品用量大，对复合盐处理不完全。

郁南县广鑫冶炼有限公司发明了一种无污染砷碱渣处理技术。在脱碱工序向脱锑浸出液中通入二氧化碳气体搅拌脱碱，过滤后产出的碳酸盐洗涤后返回锑冶炼。锑的回收率达到99%，砷浸出率超过90%，碱的浸出率超过97%，硫酸钠的浸出率接近100%。工艺流程如图3.2所示。

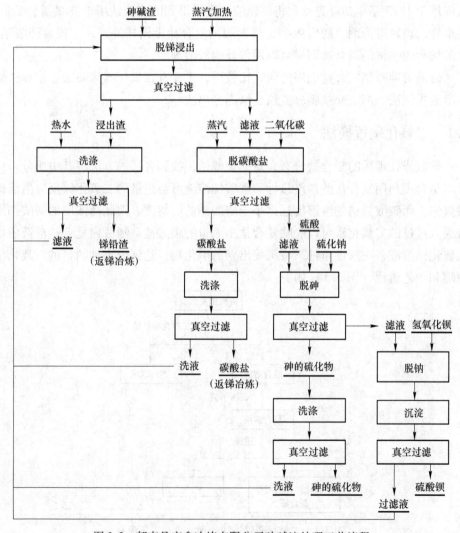

图3.2　郁南县广鑫冶炼有限公司砷碱渣处理工艺流程

这种无污染砷碱渣处理方法包括：脱锑、脱碱、脱砷、脱钠工序。

（1）脱锑工序。将砷碱渣破碎至 10mm 以下，采用 85℃ 以上的温度搅拌浸出，过滤后产出的锑精矿用热水洗涤，锑精矿返回锑冶炼；浸出液进入脱碱工序。

（2）脱碱工序。向脱锑浸出液中通入二氧化碳气体，于 20~50℃ 下搅拌脱碱。过滤后产出的碳酸盐用温水洗涤，碳酸盐返回锑冶炼；脱碱液进入脱砷工序。

二氧化碳气体溶解于水生成碳酸，碳酸与碳酸钠发生反应生成碳酸氢钠，而碳酸氢钠的溶解度远小于碳酸钠，因此可以达到脱除碱液中大部分碳酸钠的目的。

$$Na_2CO_3 + H_2CO_3 \longrightarrow 2NaHCO_3$$

（3）脱砷工序。根据砷含量向脱碱液中加入理论量的硫化钠溶液，加入硫酸，控制溶液的 pH 值在 2~5，于 50~60℃ 温度搅拌脱砷，沉淀出砷的硫化物。过滤后产出的砷硫化物用温水洗涤，烘干后可作为砷制品原料；脱砷液进入脱钠工序。

$$5Na_2S + 6H_2O + 2Na_2HAsO_4 \longrightarrow As_2S_5 \downarrow + 14NaOH$$
$$2NaOH + H_2SO_4 \longrightarrow Na_2SO_4 + 2H_2O$$

（4）脱钠工序。在常温下向脱砷液中加入过饱和的氢氧化钡溶液，析出硫酸钡沉淀。过滤后产出的硫酸钡用温水洗涤，硫酸钡烘干后作为最终产品；脱钠液返回脱锑工序。

$$Ba(OH)_2 + Na_2SO_4 \longrightarrow BaSO_4 \downarrow + 2NaOH$$

本方法具有以下优点：在工艺流程中水溶液闭路循环，没有废水外排；锑精矿、碳酸盐返回锑冶炼；砷硫化物、硫酸钡作为产品销售；没有新的废渣产生；在脱砷过程中产生的少量硫化氢废气采用氢氧化钠溶液吸收，而吸收液可以返回脱砷系统使用。锑回收率达到 99%；铅回收率接近 100%；砷浸出率超过 90%，碱的浸出率超过 97%，硫酸钠的浸出率接近 100%。碳酸盐的含量可以达到 96%，经过洗涤的碳酸盐砷含量可以控制在 1% 左右。脱砷渣中砷含量可以达到 37%，折合成五硫化二砷达到 77%。浸出液中砷的回收率达到 99%。砷碱渣处理过程中本身不产生新的废气、废水、废渣；工艺流程简单，操作条件容易控制，设备投资少；经济效益和环境效益比较显著。

二氧化碳置换法脱砷实例的具体实施情况如下：

（1）采用某冶炼厂砷碱渣原料进行浸出脱锑工业试验。原料分析结果如图 3.3 所示。

经破碎机破碎的砷碱渣透过筛后（颗粒度小于 8mm）直接进入浸出釜。浸出釜水溶液的体积为 $5m^3$。投入砷渣 2t（干基）。液固比为 2.5:1。浸出 2h。温度为 85℃。

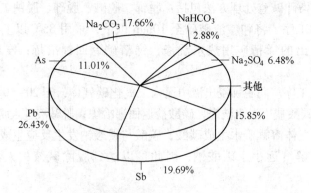

图 3.3 砷碱渣主要物质成分及其含量分析结果

（2）砷碱渣浸出工业试验结果如图 3.4、图 3.5 所示。

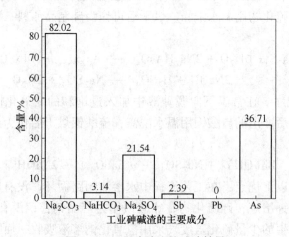

图 3.4 工业砷碱渣的试验结果

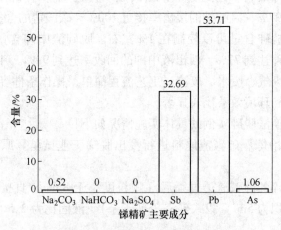

图 3.5 锑精矿成分分析结果

根据图 3.4 砷碱渣原料和图 3.5 锑精矿成分分析结果，工业试验锑、铅的回收率和砷、碱的浸出率如表 3.1 所示。

表 3.1　锑、铅的回收率和砷、碱的浸出率　　　　　　　　%

回收率		浸出率			
Sb	Pb	As	Na_2CO_3	$NaHCO_3$	Na_2SO_4
98	100	91.1	97.1	100	100

（3）把脱锑浸出后的溶液加入到反应釜内，在 20~50℃温度条件下，通入二氧化碳气体，取过滤液分析 Na_2CO_3、$NaHCO_3$ 含量。Na_2CO_3 含量接近于零为脱碳酸盐的终点。

砷碱渣浸出液脱碳酸盐烘烤后，其中 Na_2CO 含量为 93.84%；$NaHCO_3$ 的含量为 1.6%；砷的含量为 4%；Na_2HAsO_4 的含量为 2.17%。

（4）洗涤后烘干的碳酸盐可以返回锑冶炼厂，用于锑的碱性精炼。经过洗涤的碳酸盐砷含量可以控制在 1% 左右。选取 pH 值为 4 作为脱砷液终点，脱砷液中的砷质量浓度为 0.15g/L，锑的质量浓度为 0.13g/L，铅的质量浓度为 0.0008g/L，硫酸钠的质量浓度为 113.4g/L。

通过对洗涤后的砷硫化物中各成分的分析，其中碳酸钠、碳酸氢钠、硫酸钠和铅的含量为零，锑含量为 1.7%，砷含量为 37%。

脱砷产出的富砷渣是专业砒霜冶炼厂很受欢迎的原料。采用氢氧化钡处理硫酸钠溶液是非常容易的，仅仅 30min，硫酸钠就全部转化成了硫酸钡。

3.2　饱和碳酸钠溶液提纯法

砷广泛存在于自然界的各种矿物中，人们在开采、冶炼、提取各种其他金属过程中，砷是一种不需要的杂质而希望除去。根据砷容易被氧化的性质，经常采用加碱氧化的方法除砷。除砷后得到的含砷渣称为砷碱渣。目前，处理砷碱渣的方法多为水浸法，即通过水浸将砷碱渣中的砷酸钠和碱溶入水中而与物料中的其他成分分离。含砷溶液中成分较复杂，目前多采用蒸发浓缩得到一种含砷较高的复合盐。复合盐通过初步处理得到一种含砷为 1.0%~6.0%（质量分数）的碳酸钠。锡矿山闪星锑业有限公司发明了一种用饱和碳酸钠溶液提取含砷酸钠的碳酸钠的方法。采用饱和碳酸钠溶液，通过溶浸方式能够有效降低复合盐中的砷含量。试验结果表明，通过一次或多次溶浸，复合盐中的砷含量由 4% 左右降至 0.05%~0.5%，碳酸钠含量由 60% 提升到 85%~90%；所得到的砷酸钠的砷含量达到 20%。通过溶浸后，所得到的碳酸钠和砷酸钠均能够有效地被利用，从而解决了含砷复合盐对环境的污染问题。该方法包括以下步骤：

（1）将砷碱渣经处理后所得的砷含量 1.0%~6.0%（质量分数）的砷酸钠复

合盐，用砷质量浓度不大于 20g/L 的饱和碳酸钠溶液在 70~90℃下溶浸 10~30min，溶浸过程中进行搅拌，然后过滤，得滤渣和滤液。

（2）将步骤（1）所得滤渣在 100~110℃下干燥至恒重，若干燥物中砷的含量不小于 0.5%（质量分数），重复步骤（1），反复操作，直至干燥物中砷的含量小于 0.5%（质量分数）；对于步骤（1）所得滤液，若其砷质量浓度不大于 20g/L，则继续用于溶浸，若其砷质量浓度大于 20g/L 时，则返回砷碱渣浸出系统。

此法利用砷酸钠的溶解度大于碳酸钠的溶解度对砷酸钠复合盐进行分离，整个过程简单易行，可进一步分离砷酸钠复合盐中的碳酸钠和砷酸钠，所得碳酸钠中的砷含量为 0.05%~0.5%，用途更广。工艺的流程如图 3.6 所示。

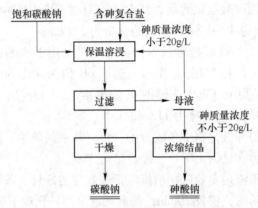

图 3.6　含砷复合盐溶浸分离碳酸钠流程

溶浸的目的是降低复合盐中的砷含量，同时回收更多的碳酸钠。探索试验表明，影响溶浸的主要因素有液固比、溶浸时间、溶浸温度。为寻找上述因素的最佳值，采用了 3 因素 3 水平的正交试验方法，试验方案及其结果见表 3.2。

表 3.2　饱和碳酸钠溶液溶浸试验方案及结果分析

| 试验号 | 因素 | | | | |
	液固比	溶浸时间 /min	溶浸温度 /℃	碳酸钠中砷含量/%	碳酸钠回收率/%
1	1:1	10	60	2.21	67.68
2	1:1	15	70	1.89	75.16
3	1:1	20	80	1.81	77.28
4	1.5:1	10	70	2.19	68.15
5	1.5:1	15	80	0.89	73.3
6	1.5:1	20	60	2.21	66.28

试验号	因　　素				
	液固比	溶浸时间/min	溶浸温度/℃	碳酸钠中砷含量/%	碳酸钠回收率/%
7	2∶1	10	80	0.51	73.3
8	2∶1	15	60	1.89	63.7
9	2∶1	20	70	1.35	65.57
$M_{As}1$	1.97	1.76	1.25		
$M_{As}2$	1.64	1.56	1.79	碳酸钠中的砷含量结果分析	
$M_{As}3$	2.10	1.81	1.07		
R_{As}	0.46	0.20	0.72		
M1	73.37	69.24	67.52		
M2	69.71	70.72	69.71	碳酸钠回收率结果分析	
M3	65.89	69.63	74.63		
R	7.48	1.48	7.11		

表 3.2 中的试验所用的复合盐含砷为 4%，所用饱和碳酸钠溶液为工业级碳酸钠配置，每种试验只进行一次溶浸试验考核指标要求：所得碳酸钠中砷含量越小越好，碳酸钠回收率越高越好。从表 3.2 中可以看出，当液固比为 2∶1、溶浸时间为 15min、溶浸温度为 80℃时，碳酸钠中的砷含量最低。各因素的影响大小依次为溶浸温度>液固比>溶浸时间。从表 3.2 中还可以看出，当液固比为 1∶1，溶浸时间为 15min，溶浸温度为 80℃时，碳酸钠的回收率最高。各因素中的重要程度分别为液固比>溶浸温度>溶浸时间。

因此，确定最佳条件为液固比为 2∶1、溶浸时间为 15min、溶浸温度为 80℃。随着试验用料量的增加，溶浸时间相应延长，故溶浸时间不是主要考虑的影响因素。

在正交实验得出的最佳条件下，复合盐的投入量为 40g，进行了两次溶浸，即第一次溶浸后，得到的碳酸钠又用含有一定量砷的饱和碳酸钠溶液再进行一次溶浸，试验结果见图 3.7 和图 3.8。

从图 3.7、图 3.8 可以看出，砷含量为 3.66% 的复合盐，通过一次溶浸可以得到含砷为 0.52% 的碳酸钠，对应的碳酸钠含量由 72.75% 上升到了 88.62%；所得到的碳酸钠再一次溶浸，得到的碳酸钠中的砷含量降至 0.31%，与此同时，碳酸钠含量由 88.62% 升至 89.45%。

通过溶浸试验，碳酸钠中的砷含量可以降至 0.052%。砷含量在 0.5% 及以下的碳酸钠可以返回有色金属生产过程中进一步除砷，或用作生产玻璃的原料。由此复合盐得到了有效利用。

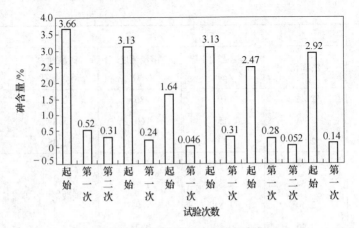

图 3.7　溶浸过程中砷含量的变化

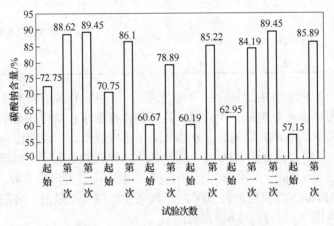

图 3.8　溶浸过程中碳酸钠含量的变化

3.3　离子交换膜分离法

3.3.1　离子交换膜技术应用现状

　　离子交换膜技术是当代高新技术之一。由于离子交换膜技术所使用的介质——离子交换膜具有很强的离子选择透过性，分离效率高、能耗低、污染少，因此，在许多方面有着重要的应用价值。离子交换膜技术包括电渗析和膜电解。电渗析是将阴膜与阳膜交替排列在电极之间，在直流电场的作用下，以电位差为动力，离子透过选择性离子交换膜而迁移。阳离子交换膜带负电荷，选择性透过阳离子，而阴离子因为同性排斥而被截留；阴离子交换膜则正好相反，从而使电解质离子自溶液中部分分离出来，实现溶液的浓缩与淡化、复分解反应及电解氧化还原、浓差扩散渗析等效能，以达到提纯精制的目的。膜电解是以 NaCl 水溶液的电解为例，在两个电极之间加上一定电压，则阴极生成 Cl_2，阳极生成 H_2 和 NaOH。离子交换膜技术主要用于钨工业、氯碱工业、湿法冶炼、医药工业、废水处理等。

在钨工业中，主要是应用离子交换膜技术制取仲钨酸铵（APT）。工艺流程是将现行的钨溶剂萃取工艺的萃余液进行电渗析浓缩，所获得的浓 Na_2SO_4 溶液进行离子膜电解，回收碱、H_2SO_4 返回工艺应用。

氯碱工业中，利用膜电解让 Na^+ 带着少量水分子透过，其他离子难以透过。电解时从电解槽的下部向阳极室注入经过严格精制的 NaCl 溶液，向阴极室注入水。在阳极室中 Cl^- 放电，生成 Cl_2 从电解槽顶部放出，同时 Na^+ 带着少量水分子透过阳离子交换膜流向阴极室。在阴极室中 H^+ 放电生成 H_2，也从电解槽顶部放出。但是剩余的 OH^- 由于受阳离子交换膜的阻隔，不能移向阳极室，这样就在阴极室里逐渐富集，形成了 NaOH 溶液。所得的碱液从阴极室上部导出。用这种方法制得的产品比用隔膜法电解生产的产品浓度大，纯度高，而且能耗也低，污染小，是目前最先进的生产氯碱的工艺。氯碱行业的膜电解应用于 $MgSO_4$ 分解，利用阳离子交换膜电解 Na_2SO_4 溶液得到 NaOH 和 H_2SO_4，H_2SO_4 返回浸出矿石，NaOH 与 $MgSO_4$ 反应生成 $Mg(OH)_2$ 的方法。$Mg(OH)_2$ 有比较好的市场，这可解决 $MgSO_4$ 的销路问题，而生成的酸返回浸出，降低浸出镍矿的酸耗和环境污染，增加经济效益。

在湿法冶金中，离子交换膜电解技术应用较广，可用于矿物的电氧化浸出，其金属提取率可达95%以上；金属化合物溶液的净化，从反应介质中分离产物或反应物，不仅分离效率高，而且不会带来二次污染。

在医药工业中，利用离子交换膜技术使具有不解离或弱解离特性的有机物或水与电解质离子分离。如葡萄糖、氨基酸等脱盐，医药用水的去离子等；向有机酸如柠檬酸盐、氨基酸盐或脂肪酸盐提供 H^+ 和 OH^-，使之分别生成有机酸和相应的碱；用离子交换实现药物的定位释放、透皮释放和鼻腔释放，拓宽给药途径，从而使药物可直接作用于病变部位而达到最佳的治疗效果。

应用离子交换膜电渗析技术处理工业废水，分离所需组分并使之浓缩，且可使溶液脱盐，得到的工业水可直接再利用，从而实现工业废液的零排放；用离子交换膜电解回收工业废水中的金属，分离稀有金属和贵金属、氯碱等，不仅废物可再利用，而且可极大程度减轻工业排放水对环境的污染。

随着离子交换膜技术的迅速发展，它在解决当前能源、资源短缺和环境污染等问题上所起的作用日趋彰显，离子交换膜技术应用前景广阔。膜电解技术具有以下优点：（1）可实现连续分离；（2）能耗通常较低；（3）易于和其他分离过程结合；（4）分离条件温和，膜性能可以调节；（5）易于放大；（6）一般情况不需外加添加物。膜电解技术能够发挥以下作用：（1）溶液浓缩与组分回收，为用其他方法进行分离创造有利条件；（2）酸碱回收及分离盐，为相应的酸和碱返回流程使用，实现清洁生产工艺；（3）实现组分之间的相互分离或者初步分离，为深度分离创造条件；（4）实现工业用水的闭路循环，节省水资源。因此膜技术是简化及优化生产工艺，缩短流程，降低成本的有力手段。

3.3.2 离子交换膜技术处理砷碱渣的探索

氯碱行业膜电解的应用为解决砷碱渣浸出液中砷碱难分离问题提供了思路。离子交换膜法是一种处理锑冶炼砷碱渣浸出形成的砷酸钠复合盐溶液的新型方法，该方法工艺流程短，设备投资少，具有显著的经济效益和环保效益。其工作原理是：用阳离子交换膜把电解槽分为阴极室和阳极室，各自装有阳极板和阴极板，阳极室中加入砷碱渣浸出液，阴极室中加入水或 NaOH 溶液。在直流电场作用下阳极室阳极发生氧化反应，钠离子透过阳离子膜进入阴极室，而阴极室中发生还原反应，水电解产生氢氧根离子，与钠离子结合生成氢氧化钠，结果阴极室的 NaOH 浓度不断增高；阳极发生氧化反应，阴极室 OH^- 因为电场影响，它的迁移受到抑制，使得阳极室溶液中 pH 值降低，得到含 H_3AsO_4 较高的酸性溶液，最终得到少量 Na_2SO_4 和大量 H_3AsO_4 溶液。

阴极与阳极反应如下：

阳极：$$2H_2O \longrightarrow O_2\uparrow + 4H^+ + 4e^-$$

阴极：$$2H_2O + 2e^- \longrightarrow H_2\uparrow + 2OH^-$$

阳极室得到 H_3AsO_4、H_2SO_4、H_2CO_3 溶液。由于 H_3AsO_4 不溶于 $NH_3 \cdot H_2O$，通过向含有浓度较高的 H_3AsO_4 溶液中加入 $NH_3 \cdot H_2O$，即可把 H_3AsO_4 沉淀出来。从理论上此法能很好地将复合盐中的砷分离出来，达到分离提纯的目的。

离子交换膜技术处理砷碱渣电解槽示意图如图 3.9 所示。

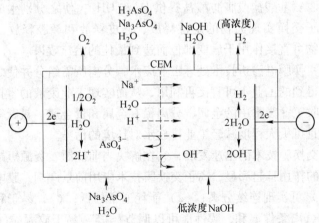

图 3.9 离子交换膜技术处理砷碱渣电解槽示意图

3.4 结晶分离法

溶液结晶在物质分离纯化过程中有着重要的作用。随着工业的发展，高效低耗的结晶分离技术在石油、化工、生物技术及环境保护等领域的应用越来越广泛，工业结晶技术及其相关理论的研究亦被推向新的阶段，国内外新型结晶技术及新型结晶器的开发设计工作取得了较大进展。

结晶分离过程是一个同时进行的多相非均相传热与传质的复杂过程。多年来，众多研究者在结晶热力学、结晶成核、晶体生长动力学、结晶习性、晶体形态及杂质对结晶过程的影响等方面进行了大量基础性研究，并提出了描述结晶过程的理论。例如，粒数衡算理论及其相关理论、评价熔融结晶过程以及熔化过程的一些关系式的提出等；Kirwan 和 Pigford 基于活化状态模型发展了熔融液中晶体生长的界面动力学绝对速度理论；将计算流体力学的方法与粒数衡算理论相结合，通过模拟的方法揭示沉析动力学和流体力学之间的相互作用等。结晶是一个重要的化工过程，溶质从溶液中结晶出来要经历两个步骤：晶核生成和晶体生长。晶核生成是在过饱和溶液中生成一定数量的晶核；而在晶核的基础上成长为晶体，则为晶体生长。影响整个结晶过程的因素很多，如溶液的过饱和度、杂质的存在、搅拌速度以及各种物理场等。例如声场对结晶动力学的影响，张喜梅等就系统地研究了声场对溶液成核、溶液稳定性及晶体生长的影响，并深入探讨了其影响机理，为创造一种靠外力场强化工业结晶过程新单元操作提供了理论依据，将促进溶液结晶理论的发展。在过饱和溶液中附加声场，会产生空化气泡，气泡的非线性振动以及气泡破灭时产生的压力，使体系各点的能量发生变化。体系的能量起伏很大，使分子间作用力减弱，溶液黏度下降，增加了溶质分子间的碰撞机会而易于成核，且气泡破灭时除了产生的压力外，还会产生云雾状气泡，这有助于降低界面能，使具有新生表面的晶核质点变得较为稳定，得以继续长大为晶体。这些都丰富了结晶理论，为结晶理论的进一步发展开辟了新领域。

3.4.1 结晶分离技术的发展

3.4.1.1 冷却剂直接接触冷却结晶法

直接接触冷却结晶概念的构想早在 20 世纪 70 年代就有人提出，但因为选择冷却剂的困难使该技术一直难以获得工业应用。由于直接冷却结晶具有节能、无需设置换热面、不会引起结疤、不会导致晶体破碎等特点，因而近年来这一构想再次引起工业界的兴趣。图 3.10 为试验流程示意图。

在直接接触冷却结晶过程中利用惰性气体冷却剂和惰性液体冷却剂直接与结

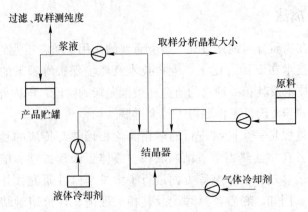

图 3.10 直接接触冷却结晶试验流程示意图

晶物料换热，传热过程平稳、迅速且体系内温度分布均匀。在惰性气体存在下，结晶母液与传热介质充分混合，在两者之间形成非常大的传热面积。

3.4.1.2 反应结晶法

工业结晶按溶液中产生过饱和度的方法不同可以分为熔融结晶、溶液结晶、升华结晶、反应结晶等。反应结晶过程与一般的结晶过程不同，其过饱和度不是用物理的方法（如蒸发、冷却等）产生，而是由两个或两个以上的可溶性物质反应生成一种难溶物质而进行结晶的过程，反应结晶与普通结晶的区别见表 3.3。

表 3.3 反应结晶与普通结晶的区别

性 质	普通结晶	反应结晶
过程	物理过程：生成固相	反应与结晶的耦合过程
产品溶解度	范围较宽	较难溶解
过饱和度的产生	冷却或蒸发等	反应或沉淀
相对过饱和度	低	高
成核机理	二次成核	初级成核
成核速率	低	高
产品粒度	较大	较小
产品形貌	颗粒粗大、均匀	颗粒较细、不均匀

反应结晶是沉淀的主要类型之一，在精细化工中用于化肥、农药、感光材料的生产等；在医药行业中用来生产晶体药品、试剂等；在生命科学领域中生产生化药品，在环保行业中净化废水、回收金属等，应用非常广泛。

反应结晶有着自身的特征：（1）一般反应过程非常迅速，得到的产品溶解度非常小。（2）结晶过程的初始过饱和度非常高。结晶过程的进程（如成核、晶体生长）非常快。（3）一般为初级成核，二次成核的比率很小，成核过程产生大量的细小晶体。（4）一般会伴随二次过程，如 Ostwald 熟化、附聚和破裂过程等，反应过程中可能同时存在多个过程，其机理很难分清。（5）反应物的混合过程（微观混合及宏观混合）对反应结晶过程产生很大的影响。

对反应结晶的合理应用应建立在对结晶行为研究的基础上。反应结晶过程包括了混合、化学反应和结晶过程以及二次过程，对这些过程直接或间接的影响均会对最终的结晶产品质量（如形貌、粒度等）造成影响。

3.4.1.3 蒸馏—结晶耦合法

蒸馏—结晶耦合法是分离易结晶物质的新方法，该方法根据易结晶物质熔点高、易结晶析出的特点，将蒸馏过程与结晶过程有机地结合在一个装置中完成。蒸馏是一种常用的化工分离方法。一些易结晶物质的沸点相近，但它们之间的熔点却相差很大，如果仅利用蒸馏过程进行分离，沸点相近使得分离的难度加大，熔点高造成的易结晶现象又会使操作控制比较困难。但利用它们熔点差较大的特性，开发一些新的分离方法是很有意义的，这一方面可以解决操作过程的困难，另一方面利用熔点差大的特点可以加强分离效果，可以把蒸馏和熔融结晶这两种分离方法有机地结合在一起，取长补短，用来分离易结晶物质。图 3.11 所示为蒸馏—结晶耦合装置示意图。

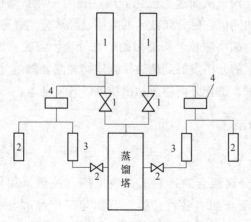

图 3.11　蒸馏—结晶耦合装置示意图

1—冷凝器；2—产品罐；3—回流罐；4—回流比控制仪

3.4.1.4　氧化还原—结晶液膜法

液膜分离技术是利用模拟生物膜的选择透过性特点来实现分离作用的，具有快速、专一且条件温和等优点，特别适合于低浓度物质的富集和回收。利用此项技术，已成功地实现了多种金属的分离和纯化，这种将分离、纯化、反应、结晶等数个工序一体化的方法，不仅可以大大缩短提取流程，达到节能降耗的目的，而且可以克服乳液溶胀导致富集倍数降低的缺点，显然这是一种极具实用前景的湿法冶金新技术。汤兵等人建立了一个氧化还原-结晶液膜体系提取金属铟，即在液膜内水相中加入还原剂，利用膜相的选择性迁移和还原剂的选择性还原实现湿法炼锌系统中微量铟的分离与还原，可在液膜内水相中结晶直接得到金属单质铟。氧化还原—结晶液膜法提取单质铟的新方法，能进一步提高分离的选择性，并可避免乳液溶胀的缺点，整个过程简便，能直接得到纯度较高的单质铟，且生产周期比传统的萃取—锌粉置换法大为缩短。

3.4.1.5　萃取结晶法

萃取结晶技术作为分离沸点、挥发度等物性相近组分的有效方法及无机盐生产过程中节能的方法，愈来愈受到广大化工研究者的重视，经过 30 多年的探索研究，萃取结晶技术在很多体系的分离中得到应用。赵君民等人对萃取结晶技术的设计和工艺作了探索，提出在工业生产应用中的关键设计参数，认为萃取结晶与其他过程联合，可形成一种连续化完整的分离流程。

3.4.1.6　磁处理结晶法

磁化技术（根据磁性差）是将物质进行磁场处理的一种技术，该技术的应用已经渗透到各个领域。磁化分离是利用元素或组分磁敏感性的差异，借助外磁场将物质进行磁场处理，从而达到强化分离过程的一种新兴技术。随着强磁场、高梯度磁分离技术的问世，磁分离技术的应用已经从分离强磁性大颗粒发展到去除弱磁性及反磁性的细小颗粒，从最初的矿物分选、煤脱硫发展到工业水处理，从磁性与非磁性元素的分离发展到抗磁性流体均相混合物组分间的分离。作为洁净、节能的新兴技术，磁化分离将显示出诱人的开发前景。

3.4.2　结晶分离技术

3.4.2.1　结晶分离技术的原理

目前，结晶法分离混合物得到了普遍推广。按照从熔体或溶液中进行结晶，结晶法可以用于金属、各种盐类、石油化工产品和其他物质的分离。不同的熔化温度或溶解度以及杂质在相间的分布规律是结晶分离的基础。同样，这也是结晶法除去杂质的基础。组分分离的结晶法还建立在物化分析原理上，特别是建立在熔体或从溶液里生成结晶过程中液相和固相组成不同的基础上。

结晶法适用于二元系统，也适用于多元系统。熔体结晶属于二元系统。从溶液中分离结晶的情况下，溶剂起第三组分的作用。一方面它是介质，另一方面它能够作为溶剂化合物。溶剂化合物在一定程度上也可以看做是单独的物质。

无论是熔体结晶还是从溶液中结晶，都有其优缺点。从熔体中分离固相时没有溶剂，而这个溶剂本身就有可能是沾污产品杂质的来源。从溶液中结晶通常是在较低的温度下进行，这样能量消耗较少且装置较小，并且从溶液中结晶可以清除许多耐热和难熔的杂质。

与分离混合物的其他方法相比，结晶法具有许多优点。其中包括结晶过程装置比较简单，可以分离热稳定性差的混合物及沸点接近的混合物。结晶法消耗能量小得多，因为熔化热和结晶热比蒸发热要低得多。

对于混合物的完全分离或者物质的完全净化，一次结晶往往是不够的，因此需要利用多次重结晶或者再结晶。

如果杂质具有很高的溶解度，简单再结晶，它要在热的纯溶剂中进行溶质的纯化。当然，在这种情况下，杂质在溶剂中的溶解度应当比净化产物的溶解度高，而产物本身应比杂质的溶解度要小。简单再结晶过程如图 3.12 所示。在这一过程中，在多次结晶后，固相中所含的杂质变得越来越少。过程的级数决定于需要净化的程度和在一次操作中混合物组分的分离程度。

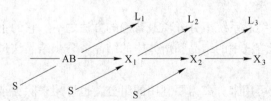

图 3.12　简单再结晶的图解

AB—初始产物；S—溶剂；L—滤液；X—具有不同含量杂质的固相

应该指出，结晶方法用于溶解度相当高和溶解度的温度系数很大的物质。难溶化合物的再结晶需要消耗大量的液体，而溶解度的温度系数低时，不宜采用多温结晶法，因为被精制物质随母液的损失量很大。

为了提高纯化合物结晶的产率，提出许多另外的再结晶过程，属于这些过程的有复杂的简单再结晶过程，在这个过程中原料 AB 间歇地加到净化过程得到的滤液中，还有各种分段结晶过程。从图 3.13 中可以看出分段结晶或分级结晶的本质。这个图上采用了与图 3.12 物理意义相同的符号。

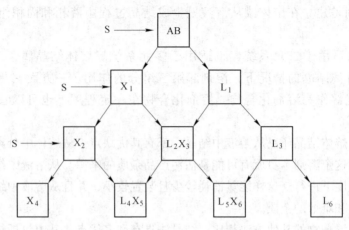

图 3.13　分级重结晶图

　　分级重结晶的实质是，原料溶液结晶以后，系统分为结晶和滤液。结晶和滤液的组成与原料溶液不同。将混合物 AB 溶解于少量热溶剂中，冷却得到晶体 X_1 和母液 L_1，将晶体 X_1 从母液 L_1 中分离出来后，再溶解于少量热的新溶剂中，同样得到新的晶体 X_2 和新母液 L_2。母液 L_1 进一步浓缩得到晶体 X_3 和母液 L_3。将晶体 X_3 溶解于热的母液 L_2 中，从这个新形成的溶液 L_2X_3 中结晶得到另一种晶体 X_5 和母液 L_5。以上的分级过程继续到获得需要的结果。如果杂质集中在溶液中，结果得到主要物质的纯晶体和杂质溶液。

3.4.2.2　结晶分离技术的种类

A　分步结晶法

　　分步结晶法是结晶系统组分分离最普遍的方法之一。它的主要内容在上一节已经讲述。它用于溶液中的结晶和熔体中的结晶。分步结晶法过程示意图也是各不相同的。

　　分步结晶法既可用来分离需要利用的组分，也可用来除去杂质。这两个问题之间没有原则性的差别，但在前一情况下可能碰到在原始产品中多种组分含量大，而后者最常研究的问题是从主要物质中除去微量杂质。

　　与图 3.12 和图 3.13 所示的分离结晶法简单示意图不同，在实践中得到广泛应用的过程是按照比较复杂的流程进行的。其目的是，由于母液的重复利用而提高产品的产量。除此之外，采用将各结晶组分和母液结合在一起的办法。

　　分步结晶法广泛地应用于多种物质的分离。例如，其中有含 K_2ZrF_6 和 K_2HfF_6 的产品，稀有元素化合物的混合物等。分步结晶用于镭盐和钡盐之间的分离，例如，铬酸钡与铬酸镭以及其他盐的混合物的分离。

　　结晶是一种高效的分离手段，广泛用于对纯物质的制备过程。柳州华锡集团有限公司利用分步结晶分离法回收砷碱渣复合盐中的砷酸钠和烧碱。在 40 ~

100℃条件下将复合盐溶液浓缩至砷质量浓度达到 62.36～75.55g/L，冷却至室温，结晶 2h，过滤得到砷酸钠。过滤后的母液重新在 40～100℃条件下浓缩后结晶，即采用分步结晶对复合盐进行处理。据报道，此方法可以得到砷酸钠含量为 63.81%～84.00% 的盐类。但是复合盐中碳酸钠、硫酸钠等其他成分之间的溶解度相差不大，在砷酸钠结晶过程会相应析出大量晶体，影响砷酸钠的纯度。因此，寻找一种高效分离复合盐的方法能大大提高砷酸钠的浓度，达到对复合盐的深度处理。

一多元组分的溶液，如组分间有低溶解度和高溶解度之差异，且低溶解度的组分在室温下的溶解度与高于室温乃至沸腾的温度下的溶解度差异较大，而高溶解度组分的溶解度受温度的影响不大，则该溶液可采用分步结晶法分离回收。其原理是常温下为低溶解度，加温后溶解度明显升高的物质，能通过加温浓缩使其浓度达到过饱和，再冷却至室温使其析出过饱和的那部分晶体，以保持在该温度下的溶解度，从而达到分离该组分的目的。砷碱渣中的砷，98% 以上是以 Na_3AsO_4 的形式存在，钠以 Na_2O 为主。砷碱渣水浸液主要含 Na_3AsO_4 和 NaOH 及 Na_2CO_3。Na_3AsO_4 在 27℃ 时的溶解度为 31.6g/L，至 100℃ 时达 293.1g/L；Na_2CO_3 在 27℃ 时的溶解度为 250g/L，100℃ 时达 709g/L；而 NaOH 在 27℃ 时的溶解度为 833g/L，100℃ 时达 1400g/L，温度对其溶解度影响不大。Na_3AsO_4 和 NaOH 的溶解度在理想状态下便有如此大的差异，那么，在非理想状态下，即在多种成分共存，尤其是存在 Na^+ 和离子效应的情况下，其差异更大，因而才使分离取得意想不到的效果。因 Na_2CO_3 溶解度比 Na_3AsO_4 低，故砷酸钠产物夹有少量 Na_2CO_3。

柳州华锡集团有限公司发明了一种采用分步结晶从砷碱渣的水浸液中分离回收砷、碱的方法，该方法包括浓缩、结晶步骤，其特征如下：

（1）第一步先将砷碱渣水浸液放入浓缩设备中浓缩，浓缩温度控制在 40～100℃，浓缩到溶液中的砷浓度达到 62.36～75.66g/L，即为浓缩终点，静置冷却至室温或室温以下，再静置结晶 2h，即可过滤获得砷酸钠。

（2）第二步将第一步结晶后的母液置于浓缩设备中浓缩，温度控制在 40～100℃，第二步浓缩终点是粗碱含水率为 15%～30%，以利于从浓缩设备中排出和入窑煅烧为宜，将第二步结晶产物煅烧获得的粗碱返回精炼脱砷工序使用。

其流程示意图如图 3.14 所示。

流程图中的砷碱渣是来源于有价元素精炼和材料加工时采用加碱氧化脱砷所产的砷碱渣，该渣的水浸工序是成熟技术，在常温常压下也能获得砷、碱浸出率 ≥95% 的效果。该发明是从"砷碱渣"经"常温常压水浸"之后进行的砷碱分离回收。图中"砷碱渣"经"常温常压水浸"过滤，"滤液"进行"一步浓缩结晶"、经过滤得到"砷酸钠"；滤液（母液）经"二步浓缩结晶"得到"粗碱"。

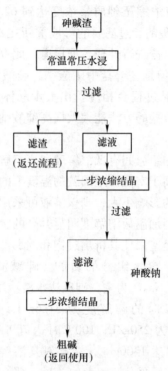

图 3.14　柳州华锡集团有限公司分步结晶处理砷碱渣流程

（1）分步结晶法分离回收砷酸钠和碱，不增加浓缩能耗，只需冷却结晶和过滤时间及工本费；流程短、设备简单；经济效益、社会效益、环保效益显著，是目前从砷碱渣水浸液中分离回收砷酸钠和碱的最简单且成本最低的方法；

（2）分步结晶法处理含 Na^+ 90.78g/L，含 As^{5+} 33.49g/L 的砷碱渣水浸液，一步浓缩结晶可产出含 Na_3AsO_4 71.97%，NaOH 5.00%，Na_2CO_3 0.58%，H_2O 22.45%的结晶物，该产物是由常温水浸的溶液浓缩而成，因而质量较纯，可作玻璃澄清剂或提砷之用。一步结晶母液经进一步浓缩，即可产出含 NaOH 80.65%，Na_2CO_3 10.86%，Na_3AsO_4 6.36%，H_2O 2.14%的粗碱。该粗碱含砷仅 2.29%，达到了通常认为的综合回收粗碱含砷小于 4%即可返回精炼脱砷工序使用的目的，从而解决了砷碱渣的砷碱分离回收难题。经过反复试验证明，采用分步结晶的方法，从砷碱渣水浸液中分离回收砷酸钠和碱是可行的。

B　流化床结晶法

诱导沉淀技术是在沉淀反应体系中人为地加入大量合适的诱晶粒子，使沉淀反应加速，并使沉淀物随诱晶粒子一起沉降，从而使化学沉淀工艺时间大大缩短。该技术可以作为废水除杂的有效手段。近年来，不少学者提出一种新的化学沉淀技术——流化床结晶技术。

流化床结晶法是基于诱导结晶原理和流化床方法产生的，该方法通过在沉淀反应体系中加入粒状固体填料，将要去除的物质结晶沉淀在填料的表面，以达到去除的目的。流化床结晶技术的实施过程如下所述：

（1）在反应器底部填充合适的颗粒作为晶种，废水从反应器底部进入，控制进水流速使晶种处于流态化。

（2）根据去除对象选择并投加沉淀剂，控制适当的过饱和度，使沉淀反应不产生均相成核，反应生成的沉淀物在晶种上非均相结晶。

（3）结晶过程中，晶种粒径不断长大，粗颗粒晶种沉降到反应器底部。

（4）根据对沉淀物的粒径要求，从反应器底部定期排出粗颗粒晶种，同时适当补充晶种保持结晶反应的连续进行。

流化床结晶过程所需的反应器称为流化床结晶反应器，又称颗粒反应器、流化床反应器。流化床结晶过程的主要影响因素为反应器和晶种的选择、水力条件的控制及沉淀剂加入方式和用量等。

与传统的化学沉淀过程相比，流化床结晶法最大的特点就是床层流态化效果。流态化体系属于颗粒与流体构成的混合物。固体颗粒的流态化使其在工作过程中物理化学工作特性得到了明显的改善和强化而具有许多优越性，已经成为当前的研究热点，具有相当广的应用前景。原则上，流化床结晶工艺能将所有以结晶盐形式沉淀的物质从水中除去，包括水的软化，重金属、磷酸盐、氟的去除与回收。Jansen 运用流化床反应器处理含氟废水，以无磁性的粒径 $0.1 \sim 0.3\,mm$ 的砂粒作为晶种，控制反应 pH 值在 $3 \sim 14$ 之间，以氯化钙为钙液，长大后的砂粒排出，并添加新砂粒补充晶种，反应后出水氟浓度可降低到 $4 \sim 10\,mg/L$，砂粒粒径可长到 $1 \sim 3\,mm$。Min Yang 提出预先向流化床中加入一定量的氟化钙晶种处理低浓度含氟废水的方法，先将部分废水与钙盐混合反应，再一起与剩余废水混合。该方法可有效提高流化床处理低浓度含氟废水的处理效果。Battistoni 等人以石英砂为诱晶载体，以批处理方式，用流化床反应器脱除城市污水厂厌氧上清液中的磷，结晶产物为 $Ca_5(PO_4)_3$ 和 NH_4MgPO_4，不加沉淀剂可使磷酸盐结晶脱除，总脱除率为（包括结晶和沉淀）$61.7\% \sim 89.6\%$。

图 3.15 所示为简单的流化床结晶结构示意图。

C 磁处理结晶法

磁场处理可以对溶液的结晶动力学产生影响，随着磁化条件的变化，能够显著地改变晶核生成速率和晶体生长速率。具有相变趋势的工业水和原料，当受到磁场作用时相变过程提前发生，在磁场作用下可形成大量弥散于流体中的微晶。当流体温度发生变化时，水中的碳酸盐和原油中的硫化物以微晶为晶种而析出晶体，减少在管壁上的沉积；另外，每个微晶长大过程中，形成由无数个分子组成的疏松的大分子团，这些大分子团即使沉积到管壁上，也容易被流动的流体带

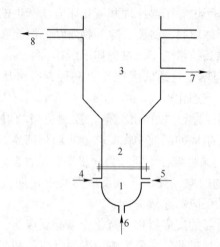

图 3.15　简单的流化床结晶器结构示意图

1—废水药剂混合区；2—流态化结晶反应区；3—澄清区；

4—废水进口；5—药剂进水口；6—回流进水口；

7—回流出水口；8—上清液出水口

走，从而可起到防垢除垢、防蜡除蜡的效果。

D　膜结晶法

膜结晶是膜蒸馏与结晶两种技术的耦合过程，是一种新型的分离技术。膜结晶技术的原理是通过膜蒸馏来脱除溶液中的溶剂、浓缩溶液，使溶液达到过饱和，然后在晶核存在或加入沉淀剂的条件下，使溶质结晶出来。与常规结晶技术相比，膜结晶具有结晶速度快、起始浓度低、诱导时间短、过程可控等优点，膜结晶过程可以更好地、更方便地控制晶体结晶过程，得到大批更好质量的晶体。

除此之外，膜表面还可以起到非均匀晶核的作用。由于膜结晶过程具有上述优点，膜结晶技术将广泛应用于盐溶液的结晶，废水处理回收晶体，蛋白质、酶及其他生物大分子完美晶体的制备方面。它是一种不同于常规结晶技术的新型结晶分离技术，是建立在微孔疏水膜的应用基础上。膜结晶可以分为两种：渗透膜结晶和热驱动的膜结晶。前者以膜两侧溶液的浓度差为推动力，后者以膜两侧的温差为推动力。在两种情况下，传质过程均可分为以下三步：溶剂在膜表面气化；溶剂蒸气通过膜孔；蒸气在膜另一侧冷凝。膜结晶的原理如图 3.16 所示。

E　超临界流体（SCF）结晶

超临界流体（SCF）结晶是近年来发展的一种崭新的结晶分离方法，利用SCF 结晶可以通过控制晶体的粒度从而获得纯度高、粒度分布均匀的晶体以及制备各种药物的多晶型等。超临界流体结晶法可分为超临界溶液快速膨胀结晶法（RESS）、超临界流体抗溶剂结晶法（SAS）以及超临界流体梯度结晶分离法等。

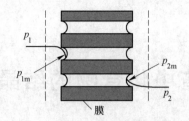

图 3.16 膜结晶原理示意图

p_1—料液侧主体分压；p_2—透过液侧主体分压；

p_{1m}—料液侧膜面分压；p_{2m}—透过液侧膜面分压

在诸多分离方法中，无论是从环保的角度，还是从经济的角度出发，结晶分离法都是最好的方法，但是也存在着诸多亟待解决的问题，比如砷酸钠的结晶性质不足，介稳区宽度、诱导期等数据不全，导致无法最大地发挥结晶分离法的作用。因此了解和测量砷酸钠各种结晶性质的准确数据十分重要。下一章将详细介绍砷酸钠在各种不同条件下的结晶性质。

4　砷碱渣中化合物的结晶性质及测定

砷碱渣浸出母液经蒸发或结晶得到的一种砷含量较高的复合盐，主要是以砷酸三钠为主的混合盐，称为砷酸钠复合盐，其中含砷酸钠 43% ~ 56%，碳酸钠 33% ~ 47%，硫酸钠 6.5% ~ 8.5%。要想利用结晶分离的方法分离出有毒的砷酸钠并加以回收利用，就必须了解与掌握砷酸钠、硫酸钠的各种结晶性质和具体数据。超声场、磁场近年来被广泛作为结晶过程中的引入场，对结晶过程的促进和控制有重要的作用。下面详细介绍超声场和磁场对结晶影响的原理，砷酸钠、硫酸钠在自然条件下以及超声场和磁场条件下的各种结晶性质的数据。

4.1　超声对结晶的影响及超声结晶研究现状

4.1.1　超声对结晶影响的原理

声学是一门古老而又迅速发展的学科，已经渗透到许多极其重要的工程领域和自然科学领域，从而逐渐形成一个崭新又独特的分支及交叉学科，其中超声化学就是其中的一个新兴学科。声学是研究固、气和液三相中机械振动的产生和传播、吸收及相互之间作用的科学。超声化学作为声学中的新兴学科，主要研究超声波的产生、探测技术、在介质中的传播规律、与物质的相互作用及其应用。声学是研究人耳能够感觉得到的声波，频率在 20 ~ 20000Hz 范围内。现在声波的频率得以扩展，主要包括次声波（小于 20Hz）、超声波（20000Hz ~ 50MHz）、微波超声（数百兆赫乃至数千兆赫）。声波的声速、波长、频率、周期四者的关系为：

$$\lambda = c/f = cT$$

式中　λ ——波长；

　　　c ——声速；

　　　f ——频率；

　　　T ——周期。

超声波是声波的一部分，是人耳感觉不到的声波。它具有方向性好、穿透能力强的特点。同时超声波在水中传播时，可以传播很远的距离。超声波的产生方法通常包括：压电效应方法、磁致伸缩效应方法、静电效应方法和电磁效应方法等。

到目前为止，人们一般普遍认为超声波对溶液的作用机制有 3 个：（1）机械效应；（2）热效应；（3）空化效应。当超声波在溶液中传递时这三种效应同时存在，这三种作用在流体中起着重要作用，主导着流体力学和溶液热力学行为。

（1）机械效应：机械效应是由线性的交变振动引起的，是指超声波在媒质中传播时引起媒质中的粒子产生交变振动，声压产生周期性变化而引起一系列频繁的次级效应。超声波在机械原理中的解释是机械能以波的形式传播的一种方式，在波动过程中有关的力学量，如质点位移、加速度、振动速度以及声压等的变化都与超声效应密切相关。当超声频率为 20kH，功率为 $1W \cdot cm^{-2}$ 时，超声波在水中传播的声压辐值为 $1.37 \times 10^5 N \cdot m^{-2}$。这意味着超声声压在 $-173 \sim 173kPa$ 之间变化 2 万次每秒钟，最大质点加速度为 $1.44 \times 10^4 m \cdot s^{-2}$，大约为重力加速度的 1000 倍。超声波能造成如此巨大的力学变化主要是由以下三个方式引起的：

1）交变振动。是指超声波在媒质中传播时，引起媒质中的粒子产生交变振动，使得声压产生周期性变化，而引起如表面效应、疲劳破坏作用、定向作用、电子逸出等一系列频繁的次级效应。

2）大振幅振动在媒质中传播时形成的周期性激波。超声波能在波面处造成很大的压强梯度，因而能产生如悬浮作用、声致发光、凝聚作用等一系列特殊效应。

3）非线性振动而引起相互靠近的伯努利力，由黏度的周期性变化而引起的直流平均黏滞力等。

（2）热效应：超声波在媒质中传播产生较大振幅的振动时，其振动能量不断地被媒质吸收及产生内摩擦，产生一些锯齿波面的周期性激波，导致产生较大的压强梯度，因此在一定时间内的超声连续作用可使媒质中声场区域产生温升，并产生局部高温高压等一系列特殊效应。

（3）空化作用：超声波空化作用是指在液体中的微气核空化泡在声压作用下振动，当声压在压缩相与膨胀相之间交变振动时，气泡在一定条件下就会生长收缩、再生长和再收缩，最终导致崩溃的动力学过程。当超声波能量足够高时，就会产生"超声空化"现象，即指存在于液体中的微小气泡（空化核）在超声场的作用下振动、生长并不断聚集声场能量，当能量达到某个阈值时，空化气泡急剧崩溃闭合的过程。空化气泡的寿命约 $0.1\mu s$，它在急剧崩溃时可释放出巨大的能量，并产生速度约为 110m/s、有强大冲击力的微射流，使碰撞密度高达 $1.5kg/cm^2$。空化气泡在急剧崩溃的瞬间产生局部高温高压（5000K，180MPa（1800atm）），冷却速度可达 109K/s。超声波这种空化作用大大提高非均相反应速率，实现非均相反应物间的均匀混合，加速反应物和产物的扩散，促进固体新相的形成，控制颗粒的尺寸和分布。图 4.1 所示为超声空化气泡的动力学过程。这种空化气泡在崩溃的瞬间产生高温、高压、激震波等作用，其中空穴形成的因素可能是强烈的超声波的照射、爆炸时的激震、高速流体冲击摩擦或剧烈的化学反应等。

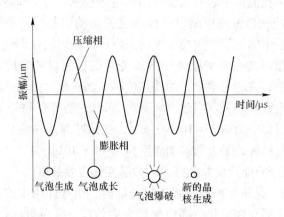

图 4.1　超声空化气泡运动及晶核生成过程

　　超声空化作用通常包括 3 个阶段：空化泡的生成、成长和崩溃。具体来说，当装满液体的容器通入超声波后，液体在振动过程中产生数以万计的微小气泡，也就是空化泡。这些气泡在超声波纵向传播中形成的负压区生长，而在正压区迅速闭合，从而在交替正负压强下受到压缩和拉伸作用。在气泡被压缩直至崩溃的一瞬间，会产生巨大的瞬时压力，一般可高达几十兆帕至上百兆帕。据相关实验测得：空化作用可以使气相反应区的温度达到 5200K 左右，液相反应区的有效温度达到 1900K 左右，局部压力在 $5.05 \times 10^4 kPa$，温度变化率高达 10K/s，并伴有强烈的冲击波和时速达 400km/h 的微射流。在这种巨大的瞬时压力下，可以使悬浮在液体中的固体表面受到急剧的破坏。Gregorčič 和 Petkovšek 等物理学家依据瑞利散射原理，运用超高速阴影拍摄技术（high-speed shadow photography）对超声波空化气泡的生成和破灭过程进行拍摄，其清晰的空化气泡产生和破灭过程如图 4.2 和图 4.3 所示。

　　超声结晶是应用超声场来影响控制结晶过程的技术，研究证明这是一种新型的结晶分离方法，是声化工学科的一个分支。在 20 世纪 40 年代阿斯托菲（Aresandro Astolfi）首次进行了使用超声场对结晶过程强化的试验。在第二次世界大战期间，德国人又对其进行了研究和发展。到 50~60 年代，胡克（Andrew Van Hook）进一步指出，由于超声辐射具有强烈定向效应，有加强和补充形成临界晶核需要的波动作用，因而可以加速结晶过程。从这时开始，超声结晶成为一门交叉学科的应用技术蓬勃发展起来。时至今日，超声结晶相关理论虽然有了长足的发展，但是尚没有建立统一的理论来解释超声波强化结晶过程的相关机理。然而，大多数人们认为超声强化结晶的主要机理为超声的空化效应。R. Chow 等人研究了蔗糖溶液的超声结晶成核过程。研究结果表明，功率超声对蔗糖溶液的成

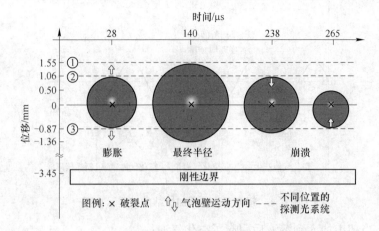

图 4.2　采用阴影拍摄技术得到的单个空化气泡

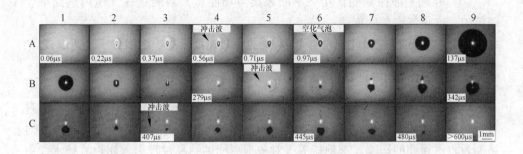

图 4.3　采用阴影拍摄技术得到的典型的空化气泡系列

核过程有着显著影响，大大缩短了诱导期，功率越大，对晶核的强化作用就越为明显。研究认为，在过饱和的蔗糖溶液中引入超声场后，产生空化气泡，它的非线性振动以及气泡崩溃时产生的压力，使得体系内能量起伏很大，分子之间的作用力减弱，溶液的黏度下降，增加了分子间相互碰撞的机会，这时较容易成核，并且气泡破灭产生的云雾状气泡，有助于降低界面能，使得新生成的表面晶核质点相对稳定，可以继续生长成为晶核。超声波对溶液结晶过程的影响主要分为以下几个方面：对结晶过程诱导期的影响、对成核的影响、对结晶速率的影响、对结晶产品的影响。其中超声波对结晶产品的影响主要通过对结晶粒度、晶体聚结、晶体形貌和晶型这四方面的作用显示出来。

超声能引起溶液一系列急速的变化，在过饱和溶液中空化气泡的生长和破灭大大改变了溶质分子的运动规律，加速了溶质分子的规则排列。基于其他学者的研究，提出过饱和溶液在超声环境中加速结晶的原理，其示意图如图 4.4 所示。

在图 4.4 中，超声影响成核过程可以分为 4 个过程：

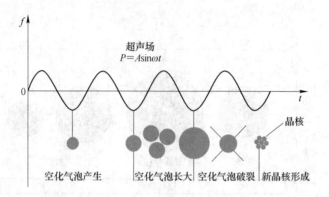

图 4.4 超声空化作用加快结晶过程示意图

（1）当超声加入到溶液后引起了空化气泡；

（2）由于气泡内非常大的压强引起气泡的长大；

（3）在超声波振动的作用下不断聚集声场能量，当能量在气泡内达到某个阈值时，空化气泡急剧崩溃；

（4）气泡破裂过程产生大约 109K/s 的冷却速度使周边溶液分子迅速成核。

4.1.2 超声结晶研究现状

现在，超声结晶的应用越来越广泛。超声波对物质结晶的影响包括对结晶过程诱导期、成核、结晶速率、结晶产品和晶型的影响。许多学者研究了超声波对结晶过程诱导期的影响。李艳斌等人对头孢哌酮钠结晶过程引入超声波技术，由于超声波降低了溶液的表面张力及其黏度，空化作用加强了分子间的有效碰撞，导致晶核提前生成，大大缩短了头孢哌酮钠的结晶过程诱导期。碱式氯化镁结晶过程中施加频率为 33kHz，功率为 250W 的超声波，使过饱和溶液的诱导期缩短。有人对超声处理在阻垢方面的研究进行了实验验证，施加 20kHz 的超声波，阻垢率达到了 85%以上，说明了由于超声的空化作用，使结垢诱导期延长，达到了有效的阻垢目的。孙玉柱等人对碳酸锂超声结晶诱导期做了研究，与未施加外场相比，引入超声场后，诱导期明显缩短。

超声波通过影响结晶诱导期进而影响物质的结晶成核过程。丘泰球等人对高能超声场条件下蔗糖溶液的结晶成核过程做了相关理论研究，指出引入超声场后，溶液在低过饱和度情况下也可以发生成核，大大提高了结晶过程的经济效益。在铝酸钠溶液分解的成核现象研究中，陈国辉等人研究了溶液在超声与未超声两种条件下的成核过程。实验结果表明，在温度为 45 ~ 65℃，苛性比为 1.28 ~ 1.90 条件下，在没有加晶种时超声强化不能使铝酸钠溶液发生初级成核，而温度低于 60℃时，超声波可促进二次成核的发生。随晶种数量的增加，超声波发生二次成核的时间可大大缩短。杭方学等人对穿心莲内酯的超声溶析结晶成核机理做了研究，在过饱和度相同的条件下，超声波增强了扩散系数，减小了表面张力，促进了成核的发生。Etsuko Miyasaka 等人对乙酰水杨酸在超声场条件下的初级成核现象做了研究，结果表明，在不同过饱和度时，超声波可以抑制或是促进初级成核，并且超声场能量与激活初级成核所需的能量有一定的关系，系统中超声能量随着形成稳定晶核所需能量的降低而降低。同时，他们还对作为储热材料的磷酸二氢钠的超声辐射成核现象做了研究，结果表明，施加超声场后，大大增加了磷酸二氢钠的初级成核的可能性。

溶液的过饱和度也可以通过引入超声波进行控制，同时改变晶体的生长速率，因为晶体的晶习和粒度都是过饱和度的函数，因此超声波可以影响晶体的粒度、形貌以及晶体的聚结等。

4.2　磁场对结晶的影响

大部分研究结果表明，溶液经磁场处理后，分子势垒、分子内聚力发生变化，引起溶液的浓度场、溶解度、黏度、表面张力等物理性质变化和改变固液、液液平衡条件等宏观性质。当物质内有梯度（化学势、浓度、应力梯度等）存在时，由于热运动而触发的质点定向迁移（扩散），从而促进溶液的结晶过程，并可使结晶的晶粒数增多，结晶量增加，从而对分离过程起到强化作用。

在近十几年中，研究磁场影响结晶的文章急剧增多，在国内和国外都发表了一系列关于磁场影响溶液结晶的文章。孙佳江等研究了磁场对蔗糖结晶过程的影响，利用磁处理技术改变母液的结晶特性，降低了糖液的黏度以提高蔗糖的结晶速率，能动地控制结晶过程，提高结晶产品的产量和质量。罗文波等研究了磁场-溶剂协同作用对谷氨酸结晶过程的影响，在磁场强度为 0.8T 的磁场中处理3min 后加入混合有机溶剂，研究发现磁场对谷氨酸结晶有促进作用，磁场加速了溶剂盐析过程晶体的成核，提高了结晶率，且生成的晶体颗粒均匀一致。马伟等研究了蒸发结晶 As_2O_3 过程中磁场效应的影响，结果表明磁场降低了溶液的表面张力，使溶液蒸发结晶过程速率提高 5%~10%，但对 As_2O_3 晶体结构和化学成分无影响。谢慧明等研究了电磁诱导对葛根素结晶速率、晶体形貌及纯度的影响，他们在不同混合溶剂中对葛根素进行电磁诱导结晶，对结晶颗粒的微观形貌用扫描电镜观察，并利 HPLC 进行纯度检测。其结果表明在 0.24T 磁场条件下葛根素结晶速率加快，晶体纯度有所提高。

在国外的一些研究中，磁场对结晶的影响也受到了广泛的关注。大多数研究者认为在结晶过程引入磁场后，溶液的某些物理化学性质例如溶解度、黏度、表面张力等均会发生改变。Lundage 研究了磁场对许多无机盐离子的沉淀结晶影响，研究发现因为顺磁性物质周围已经有很强的磁场存在，磁场对弱酸性反磁盐结晶有明显的促进效果，对顺磁性盐几乎没效果。Higashitani 研究了碳酸钙在 0.3T 磁场条件下的结晶行为，结果发现磁场降低了碳酸钙的成核速率，加速了碳酸钙晶体生长。Gen Sazaki 研究了溶解酵素在磁场作用下的结晶行为，研究发现在 10T 的磁场作用下溶解酵素晶体成核和生长速率都有所加快，并且得到的晶体品质更高。Jens 等研究了磁场作用下磷酸钙沉淀结晶行为，实验发现在 0.27T 磁场作用下加速了不稳定晶相的溶解，同时加速了稳定晶相的形成，抑制了无定型硫酸钙的形成，其实验结果有力地辅证了磁场中质子转移理论。Shin－ichiro Yanagiya 等人通过研究磁场作用下四方形溶菌酶晶体的生长速率，发现在 11T 磁场抑制了溶解酵素晶体晶面生长速率，结晶速率仅为不经磁场处理结晶速率的 10%~60%，磁场降低了结晶的速率，他们认为这一现象是由于强磁场能够抑制电解质溶液的流动，即磁制动效应。

砷碱渣中主要的化合物有砷酸钠、碳酸钠、硫酸钠，为了利用结晶分离法对砷碱渣中各化学成分进行有效的分离以及相关结晶器设计、工业上结晶过程分析、工艺操作和条件优化，了解并掌握砷碱渣中各组分在超声、磁场以及自然条件下的结晶热力学、结晶成核、晶体生长动力学、结晶习性以及晶体形态等结晶性质是一个必不可少的过程。下面详细介绍砷碱渣中各种化合物的结晶性质以及测量方法。

4.3 硫酸钠的结晶性质

4.3.1 硫酸钠的物化性质

硫酸钠属于无机化合物，其化学式为 Na_2SO_4，相对分子质量为 142.04；外观为白色、无臭、有苦味的结晶或粉末，有吸湿性；外形为无色、透明、大的结晶或颗粒性小结晶；熔点为 884℃，沸点为 1404℃，相对密度为 2.68；溶于水，且不溶于乙醇，但是溶于甘油。硫酸钠的应用范围比较广泛，通常用于制水玻璃、制浆、瓷釉、洗涤剂、致冷混合剂、干燥剂、分析化学试剂、染料稀释剂、医药品等，其中主要是合成洗涤剂的填充料；造纸工业用于制造硫酸盐制浆时的蒸煮剂；玻璃工业用来代替纯碱；化学工业上制造硫化钠、硅酸钠和其他化工产品的原料；纺织工业用于调配维尼纶纺丝凝固浴；医药工业用作缓泻剂；还用于有色冶金、皮革等方面。硫酸钠产品主要包括两种：芒硝和无水硫酸钠。芒硝化学式为 $Na_2SO_4 \cdot 10H_2O$，含有结晶水 55.9%，硫酸钠 44.1%，为无色晶体，易溶于水，极易潮解，在干燥的空气中逐渐失去水分而转变为白色粉末状的无水芒硝即无水硫酸钠。芒硝是一种分布很广泛的硫酸盐类矿物。芒硝经加工精制而成的结晶体用于制革、制玻璃、制碱工业等，也可用作泻药。

4.3.2 硫酸钠结晶热力学性质

4.3.2.1 溶解度与超溶解度

溶解度是结晶工艺研究的基础数据，对结晶工艺的优化，最终收率的预测具有重要的指导作用。固体的溶解度是指在一定温度下，某固体物质在100g溶剂里达到饱和状态时所能溶解的质量。在一定温度下，任何固体溶质与溶液接触时，如溶液尚未饱和，则溶质溶解；当溶解过程进行到溶液恰好达到饱和，此时，固体与溶液互相处于平衡状态，这时的溶液称为饱和溶液，其浓度即是在此温度条件下该物质的溶解度（平衡浓度）。但溶解的固体超过一定的限度之后，溶液就会开始析出晶核。当溶液处于过饱和状态而又欲自发地产生晶核时的溶质的极限溶解度称为该溶质的超溶解度。

在测量溶解度和超溶解度过程中，由于晶核太小，肉眼难以分辨，所以现在广泛采用激光测量装置来观察溶液中的变化。通过光功率测试仪上的功率变化判定溶液溶解度以及介稳区宽度。当激光通过澄清溶液时，透过溶液的激光强度最大，光功率仪上的功率读数亦为最大值；当首批晶核出现时，溶液即出现浑浊，透过溶液的激光强度变小，随之光功率仪上的功率读数逐渐变小。用激光法测定溶解度和介稳区宽度的方法相对肉眼观察而言，精确度高，方法简易，操作简单。图4.5为激光法测量溶解度的基本装置示意图。

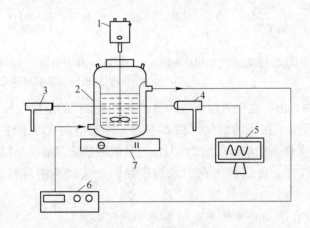

图4.5　测量硫酸钠溶解度的装置示意图

1—搅拌器；2—夹套结晶器；3—激光发生器；4—光功率接收装置；

5—数据记录系统；6—温控系统；7—磁场发生器

A　硫酸钠在自然条件下的溶解度和超溶解度

通过激光法测得的硫酸钠在自然条件下的溶解度和超溶解度数据如图4.6

所示。

从图4.6可以得知：在自然条件下，当温度不断升高到32℃左右时，硫酸钠的溶解度随着温度的升高不断增大，当温度继续升高时，硫酸钠的溶解度开始缓慢减小并逐渐达到稳定。过饱和度的变化趋势与溶解度的趋势基本一致，且在温度小于30℃时，过饱和度大于溶解度，温度大于30℃时，过饱和度开始小于溶解度。这都是由于硫酸钠自身的性质引起的。

B　硫酸钠在超声条件下的溶解度和超溶解度

前面已经讲到，超声波强烈的空化作用，会在溶液中形成局部的高压和高温，从而对结晶过程产生影响。当在装置中引入超声场时，通过改变超声的时间和功率也可以测得硫酸钠在不同条件下的溶解度和超溶解度。图4.7所示为在引入超声场条件下的硫酸钠的溶解度和超溶解度曲线。

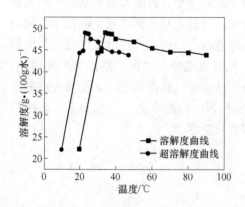

图4.6　自然条件下硫酸钠的溶解度和超溶解度

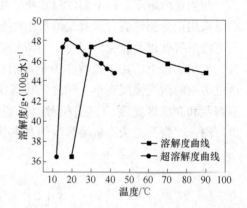

图4.7　超声条件下（53kHz，200W）硫酸钠的溶解度和超溶解度曲线

从图4.7中看出，在引入超声场的条件下，硫酸钠的溶解度和超溶解度相比在自然条件下发生了很大的变化。在20℃时，硫酸钠在自然条件下的溶解度为22g。但在超声条件下的溶解度为36.5g，但是硫酸钠的溶解度和超溶解度的变化趋势没有发生改变。可以得出在引入超声场时，硫酸钠的溶解度和超溶解度增大。

C　硫酸钠在不同超声作用时间条件下的溶解度

超声场的存在会影响硫酸钠的溶解度，不同的超声作用时间也会对硫酸钠的溶解度产生不同的作用效果。图4.8所示为不同超声作用时间的条件下硫酸钠的溶解度变化曲线。

超声时间从15~45s的变化过程中，硫酸钠的溶解度不断增大，最终趋于平稳。可见超声作用时间的延长，可以增大硫酸钠的溶解度。

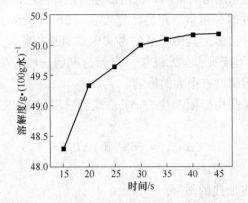

图 4.8　超声时间对硫酸钠溶解度的影响

D　硫酸钠在不同超声功率作用条件下的溶解度

不同的超声功率作用也会对硫酸钠的溶解度产生不同的影响。图 4.9 所示为不同超声功率作用下硫酸钠的溶解度变化曲线。

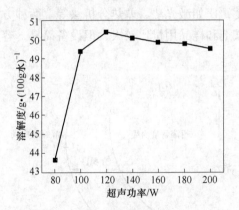

图 4.9　超声功率对硫酸钠溶解度的影响

随着超声场功率的不断增大，硫酸钠的溶解度开始迅速增大，到达峰值后又开始缓慢减小。可见超声功率的增大会增大硫酸钠的溶解，但是这种影响是有极限的，当功率达到一定数值，溶解度数据也会达到峰值。这些数据对引入超声场后如何选择合适的超声场功率有很大的帮助。

4.3.2.2　介稳区宽度

溶液的结晶介稳区宽度是结晶过程的基础研究内容之一，是结晶操作和结晶器设计所必需的参数。溶液的介稳区是指一定条件下的平衡浓度（即溶解度）曲线和极限过饱和浓度（即超溶解度）曲线之间的区域。当溶液中溶质浓度等于该溶质在相应条件下的溶解度时，该溶液称为饱和溶液。当溶质浓度超过溶解度时，该溶液称为过饱和溶液。介稳区宽度值反映了结晶溶液的过饱和溶解特性。对其影响因素有很多，其中主要的考察因素有搅拌强度、降温速率、温度、pH 值等。另外，有无杂质、有无磁场、有无超声场、加入晶种与否以及晶种加入量等都对过饱和溶解度有很大的影响。

介稳区宽度通常使用极限温度差 ΔT_{max} 或者极限浓度差 ΔS_{max} 来表示。两者之间的关系为：

$$\Delta S_{max} = (dS^*/dt)\Delta T_{max}$$

式中　S^*——溶液的平衡浓度；

dS^*/dt——溶解度曲线的斜率。

现有的测量介稳区的方法主要有静态法和动态法两种。静态法是指在恒定的温度、组成等的条件下使溶剂和过量的溶质搅拌混合，经过长时间溶解达到平衡后，使用各种方法测定上层清液中的溶质浓度，或者测定没有溶解的固体质量反求饱和溶液中溶质浓度。动态法是指慢慢改变各种条件（如温度、溶剂量）使得原先的固体溶解掉，测定从固相和液相两相转变为单个液相相变时刻的物性变化来确定介稳区宽度，比如激光法、差热分析法等。两种方法比较而言，静态法消耗时间比较长，试剂和样品用量比较大，但设备简易，容易操作。介稳区示意图如图 4.10 所示。

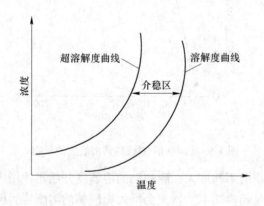

图 4.10　介稳区示意图

由图 4.10 可知，介稳区（metastable zone）指溶解度曲线（solubility curve）和超溶解度曲线（supersolubility curve）之间的区域。从图中看出，在稳定区的溶液为欠饱和溶液，没有晶核产生；处于不稳区的溶液可以自发结晶；而处于稳定区和不稳区的中间区域也就是介稳区中，在体系保持不变的情况下不发生结晶现象，但是一旦改变当前的体系（如加入晶种、引入超声波等），溶液便容易产生晶核，进行结晶过程。因此工业结晶为了避免自发成核，常常将结晶过程控制在介稳区内进行。介稳区宽度是指导结晶过程的一个重要参数，为了优化结晶产品质量，获得优良晶体，应将结晶过程控制在介稳区内。另外，介稳区宽度数据也是进行结晶设计的重要参考依据。

通过激光测量系统分别测得硫酸钠的溶解度和超溶解度，绘制溶解度曲线和超溶解度曲线进而得到介稳区宽度。介稳区宽度以极限温度差 ΔT_{max} 来表示，结果如图 4.11 所示。

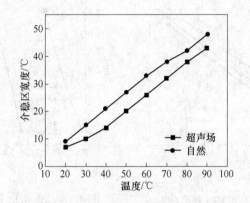

图 4.11　硫酸钠在自然和超声
（53kHz，200W）条件下的介稳区宽度

图 4.11 为硫酸钠在未引入超声场和引入超声场作用后的介稳区宽度。从图中可以很明显地看到两方面的变化。一是随着温度的升高，硫酸钠介稳区宽度逐渐变宽。这是因为温度升高物系中的固相由十水硫酸钠转变为无水硫酸钠，溶解度增大，溶质分子活跃，加强互相之间的碰撞，更加容易产生晶核，发生结晶现象。二是引入超声场后，硫酸钠介稳区宽度变窄，这是由于超声波对溶液结晶性质的影响所决定的。引入超声波后，大大增加了成核数量，提供给分子更多的能量，使得分子更容易越过势垒成核，析出晶核。因此超声波对硫酸钠溶液结晶介稳区的影响主要是由于其在液体中形成的空化气泡崩溃时形成的局部高温高压效应，减小了硫酸钠的成核半径，降低了其成核势垒。减小介稳区宽度可以更好利用结晶分离法来分离溶液中的溶质，所以超声场的引入对化学分离新方法的研究具有重要的意义。

另外，改变降温速率和搅拌转速也会对硫酸钠介稳区产生影响。

图 4.12 介绍了降温速率分别为 8℃/ min、11℃/ min、15℃/ min 时硫酸钠的介稳区宽度的变化情况。随着降温速率的加快，硫酸钠的介稳区宽度不断增大。随着降温速率的不断加快，溶质在成核温度区域还没有形成稳定的晶核，溶液的

温度就降下来了，从而导致介稳区宽度变宽。但是若温度一直降低，超过不稳区，溶液中就会产生一些细小并且杂乱的晶体。所以在结晶过程中必须合理地控制溶液的降温速率，才能得到粒度更均匀的晶体。

图 4.13 中 b 是降温速率，直线的斜率为 m，为受最大过饱和度影响的成核级数。结合公式（$\ln b = K + m \ln (\Delta T_{max}) + n \ln B$）推导出降温速率和介稳区宽度的对数关系式，分别拟合不同温度下降温速率与介稳区宽度的关系式，见表 4.1。

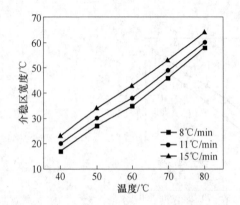

图 4.12　降温速率对硫酸钠介稳区的影响 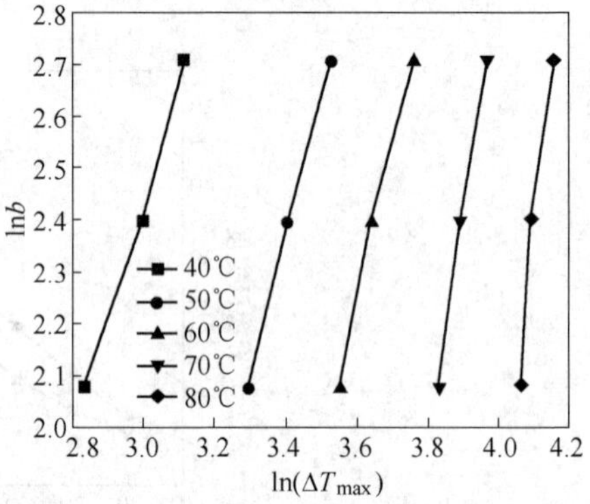　　　图 4.13　$\ln b$ 和 $\ln (\Delta T_{max})$ 的关系图

表 4.1　不同温度下降温速率与介稳区宽度的成核方程式和成核级数

温度/℃	成核方程式	成核级数
40	$\ln b = -3.8097 + 2.0765 \ln (\Delta T_{max})$	2.0765
50	$\ln b = -6.8695 + 2.7187 \ln (\Delta T_{max})$	2.7187
60	$\ln b = -8.5968 + 3.0104 \ln (\Delta T_{max})$	3.0104
70	$\ln b = -14.8497 + 4.4176 \ln (\Delta T_{max})$	4.4176
80	$\ln b = -22.9458 + 6.1741 \ln (\Delta T_{max})$	6.1741

从表 4.1 中可明显看出，在不同的饱和温度下，所得到的 $\ln b$ 和 $\ln (\Delta T_{max})$ 的线性关系并不是平行关系。这也说明硫酸钠溶液成核过程中，受最大过饱和度影响的成核级数与饱和温度是非常有关系的。成核级数随着饱和温度的升高而持续增大。这同样说明饱和温度是影响成核过程的一个极其重要的影响因素。在硫酸钠结晶成核过程中应特别注意对饱和温度的控制。

图 4.14 是不同降温速率下硫酸钠晶体的 SEM 图。从图中可以看出，随着降温速率的增大，晶体的粒径变得更小。

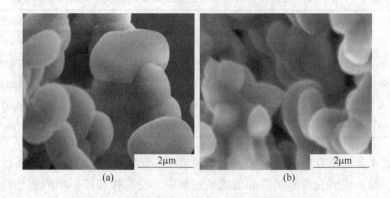

图 4.14　不同降温速率下硫酸钠晶体的 SEM 图

(a) 8°C/min；(b) 14°C/min

图 4.15 示出了在搅拌转速为 300r/min、600r/min、800r/min 时的硫酸钠介稳区宽度变化的情况。从图上可知，硫酸钠在水溶液中的介稳区宽度随着搅拌转速的不断改变而发生变化。在不同的饱和温度下，随着搅拌转速的增大，介稳区宽度逐渐变窄，且随着饱和温度升高，介稳区宽度变宽。提高搅拌转速，物系中传质速率增大，硫酸钠分子碰撞的几率大大增大。同时传热速率也增大，有利于热量的扩散，从而使得过饱和度减小，结晶发生的时间提前，介稳区宽度变窄。

$\ln N$ 和 $\ln(\Delta T_{max})$ 的关系如图 4.16 所示。图中 N 为搅拌转速，直线的斜率为 m。结合公式（$\ln N = K + m\ln(\Delta T_{max}) + n\ln B$）推导出搅拌转速和介稳区宽度的对数关系式，分别拟合不同饱和温度下搅拌转速与介稳区宽度的关系式，见表 4.2。

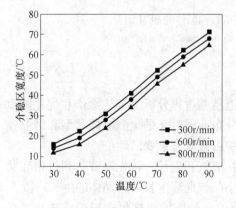

图 4.15　搅拌转速对介稳区的影响

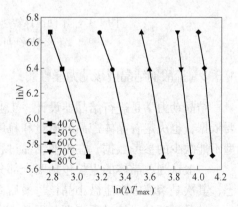

图 4.16　$\ln N$ 和 $\ln(\Delta T_{max})$ 的关系图

表 4.2　不同饱和温度下搅拌转速与介稳区宽度的成核方程式和成核级数

温度/℃	成核方程式	成核级数
40	$\ln N = 15.1886 - 3.0405\ln(\Delta T_{\max})$	0.6830
50	$\ln N = 18.4391 - 3.6737\ln(\Delta T_{\max})$	0.7400
60	$\ln N = 24.5511 - 5.0441\ln(\Delta T_{\max})$	0.6544
70	$\ln N = 37.2432 - 7.9633\ln(\Delta T_{\max})$	0.5547
80	$\ln N = 38.4809 - 7.9150\ln(\Delta T_{\max})$	0.7800

由表 4.2 可以看出，在不同的饱和温度下，$\ln N$ 和 $\ln(\Delta T_{\max})$ 的线性关系也是不平行的，说明在硫酸钠结晶的成核过程中，受搅拌转速影响的成核级数与饱和温度也是有很大关系的。根据经典成核理论计算得出的成核级数从 0.6830 到 0.7800 之间变化，且并无规律性变化。图 4.17 所示为在不同搅拌转速下硫酸钠晶体的 SEM 分析图。从图中可以看出，随着搅拌转速的增大，硫酸钠晶体的粒径变得更小而且粒径的分布变得更加均匀。

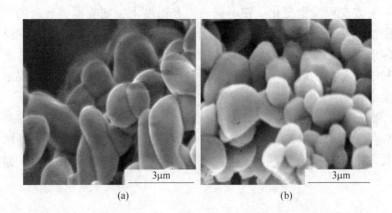

图 4.17　不同搅拌转速下硫酸钠晶体的 SEM 图
（a）300r/min；（b）900r/min

4.3.3　硫酸钠结晶成核动力学性质

结晶动力学是进行结晶器设计、工业上结晶过程分析、工艺操作和优化的重要依据，也决定着晶体产品的质量和粒度分布，同时又是预测晶体晶型和结晶模型不能缺少的参考数据，在工业结晶过程中占有非常重要的地位。

一般认为，晶体的生长包括两个部分：成核和生长。首先溶液达到过饱和状态，其次是溶液中产生微小晶核，最后微小晶核继续生长即为晶体的生长阶段。

结晶过程的成核过程机理如图 4.18 所示。晶体的成核包含初级成核和二次成核，而初级成核又分为均相成核和非均相成核；二次成核分为表面成核、接触成核、突变二次成核和流体剪切成核。初级均相成核是指在高过饱和度下，溶液自发地生成晶核的过程；初级非均相成核指的是溶液在外来物（如大气中的微尘）的诱导下生成晶核的过程；而在含有溶质晶体的溶液中的成核过程，称为二次成核。二次成核也属于非均相成核过程，它是在晶体之间或晶体与其他固体（器壁、搅拌器等）碰撞时所产生的微小晶粒的诱导下发生的。

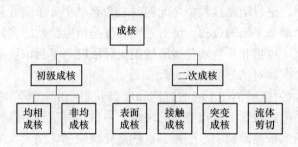

图 4.18　结晶过程的成核机理

初级成核速度非常快，对溶液的状态极其敏感，因此很难按照规定要求控制。因此，一般工业结晶过程都要尽量避免初级成核的发生。二次成核中的接触成核是指当晶体与其他固体物接触时所产生的晶体表面的碎粒。流体剪切成核是指当过饱和溶液以较大的流速流过正在生长中的晶体表面时，在流体边界层存在的剪切力能将一些附着于晶体之上的粒子扫落，而成为新的晶核。在工业结晶器中，晶体与搅拌浆、器壁或挡板之间的碰撞，以及晶体与晶体之间的碰撞都有可能发生接触成核。相比较而言，接触成核的几率往往大于剪切力成核。影响二次成核速率的因素主要有过饱和度、温度、晶体的粒度、碰撞能量、晶体的硬度和搅拌浆的材质等。

一般而言，只要溶液达到过饱和就可以产生晶核，但在实际工业结晶过程中，溶液达到过饱和与产生晶核之间存在一段时间，这段时间就是诱导期，它是一个十分重要的参数。成核诱导期指的是溶液形成过饱和到首批晶核出现之间的时间差。

诱导期的测定方法包括肉眼观测法、pH 值法、电导率法、浊度计法和激光法等。其中激光法因为其具有稳定性好、灵敏度高、快速等优点而成为实验室甚至工业上测定诱导期的方法。从溶液达到过饱和状态到首批晶核出现之前，透光率不会发生变化，而当首批晶核出现时，激光透过溶液的透光率突然减小。由于晶核是瞬间产生，所以透光率的变化属于突变。从溶液过饱和形成到透光率发生突变之间的时间段定义为诱导期。诱导期的示意图如图 4.19 所示。

4.3.3.1　过饱和度和超声功率对硫酸钠结晶诱导期的影响

溶液的过饱和度是晶体成核的根本动力。溶液的过饱和度是指同一温度下，过饱和溶液与饱和溶液的浓度差。过饱和度有两种表示方法：相对过饱和度和绝对过饱和度。相对过饱和度是指硫酸钠的实际浓度与硫酸钠平衡浓度的差值与平衡浓度的比值。在这个比值小于 0 的情况下，即溶液中离子的实际浓度小于平衡浓度时，溶液中不会有晶体析出；而当这个比值大于 0 时，即溶液中的离子的实际浓度大于平衡浓度时，溶液中将首先出现晶束（小分子团），进而形成晶种，并逐渐形成晶体，进行结晶过程，与此同时也会有单个分子离开晶体而再度进入溶液，这是一个动态平衡的过程。绝对过饱和度是指硫酸钠的实际浓度与硫酸钠平衡浓度的差值。过饱和系数则是指硫酸钠实际浓度与平衡浓度的比值。下面采用过饱和系数考察其对诱导期的影响。

图 4.20 所示为硫酸钠在不同的过饱和度以及不同的超声功率条件下的诱导期变化。从图中可以看到三个很明显的现象。一是相对于自然条件而言，引入超声场后，硫酸钠的析晶时间明显变短，也就是硫酸钠诱导期大大缩短；二是引入超声场后，施加不同的超声功率对诱导期也产生了不同的影响，随着超声功率的加大，诱导期逐渐缩短；三是硫酸钠诱导期受过饱和度的影响非常明显，过饱和度系数增加，诱导期相应地缩短。引入超声场后晶体的成核与自然条件下（搅拌）硫酸钠的成核的本质是不同的。搅拌是指从宏观上加速分子的运动，是一个整体性的运动，而超声波是从微观上将液体介质进行压缩和拉伸。相对搅拌来说，超声空化形成了局部的高温、高压，以此形成热点。在这个热点附近的溶液成为了超临界流体，在超临界状态下，液体的黏度系数大大降低，其表面张力也随之降低。也正是由于这个热点的出现，影响了硫酸钠的成核，缩短了诱导期。

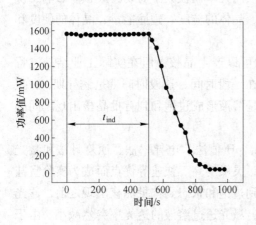

图 4.19　诱导期示意图

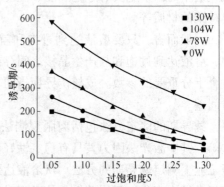

图 4.20　过饱和度和超声功率
对硫酸钠诱导期的影响

4.3.3.2　超声时间对硫酸钠结晶诱导期的影响

超声波作为结晶过程操作的一种辅助手段，超声时间也是关键的操作变量。

通过控制对硫酸钠溶液进行超声作用延续时间的长短，考察其对硫酸钠结晶成核诱导期的影响，如图4.21所示。从图中可以明显看出，随着超声波持续作用时间的延长，硫酸钠诱导期大大缩短。

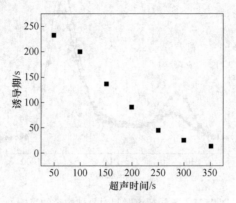

图4.21 超声时间对
硫酸钠结晶诱导期的影响

对不同超声时间条件下所得晶体进行了SEM分析及粒径测定，结果分别如图4.22和图4.23所示。可以从两图中看出，随着超声时间的持续增加，晶体粒径变得更加均匀，同时一个很明显的现象是硫酸钠的粒径有两个峰，这是在硫酸钠结晶的研究历史上所没有报道过的。根据其他文献中的报道，这种现象的原因可能是第一个峰表示了在过饱和溶液中开始产生晶核，而第二个峰则代表了晶核的生长，也就是说这两个峰表明了晶体形成的两个阶段。这也说明了超声波的作用时间是影响诱导期的一个非常重要的影响因素。

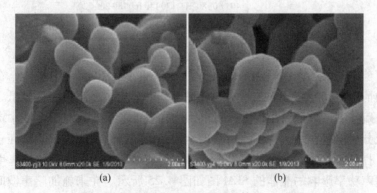

(a)   (b)

图4.22 不同超声时间下所得晶体的SEM图

(a) 30s；(b) 150s

4.3.3.3 超声功率和频率对硫酸钠结晶诱导期的影响

功率和频率是超声波影响溶液结晶的参数，也是影响硫酸钠结晶诱导期的重要影响因素。图 4.24 为超声功率对硫酸钠诱导期的影响数据图。

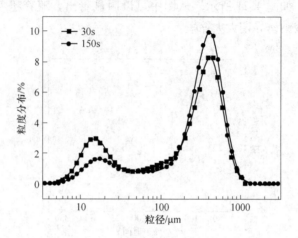

图 4.23 不同超声时间对晶体粒径的影响

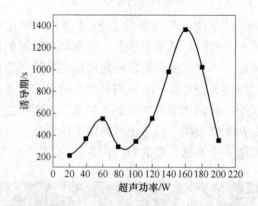

图 4.24 超声功率对硫酸钠结晶诱导期的影响

超声功率的大小大大影响了硫酸钠的诱导期。从图 4.24 中看出，在高低功率不同的情况下，超声场输入系统的能量不同。显然，在超声能量较低，相对于高能量时硫酸钠诱导期要小得多。可能因为在较低能量输入时，溶液中产生的微小晶核或分子聚结在一起，在一定程度上抑制了晶体的初级成核。而在较高能量输入时，打破了晶核或分子的聚结，促进初级成核，使得微小晶核快速生长。

受超声功率影响的晶体的 SEM 图如图 4.25 所示。在未施加超声波时，得到了较大粒径的晶体；而当引入超声场后，随着功率的增大，粒径逐渐减小。超声功率增强，空化气泡进行着产生、生长、崩溃的过程，使得晶核大量产生，致使溶液不饱和的程度增强，同时晶核之间互相碰撞，抑制了晶核的生长。硫酸钠晶体的形状为球形并且不因外场的引入而发生任何变化。

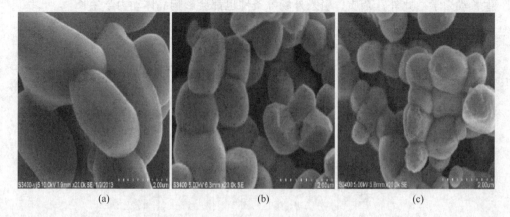

图 4.25 超声功率对硫酸钠结晶影响的 SEM 图

(a) 0W；(b) 78W；(c) 130W

表 4.3 列出了不同超声频率条件下 10mL 硫酸钠溶液结晶所得晶体的质量。从表中看出，晶体质量随着超声频率的增大而不断增加。由于超声频率加强，空化气泡运动加快，产生大量微小晶核，生长为晶体。说明超声波对硫酸钠结晶的产量有增益的。

表 4.3 不同超声频率条件下晶体质量

频率/kHz	晶体质量/g
0	0.4237
35	2.4425
53	4.1648

4.3.4 硫酸钠结晶生长动力学性质

当晶核在过饱和溶液中形成后，即进入晶核的生长阶段。在这个阶段，以溶液的过饱和度为推动力，使得旧相中的原子或者分子嵌入到新相中晶格点上。在结晶学中，对晶体生长动力学的研究非常重要，所得出的实验数据更是指导结晶器设计和工业生产的重要依据。

晶核形成以后以过饱和度为推动力进入晶体的生长阶段。了解晶体生长机理本质上就是要完全理解晶体的外部形态与晶体的内部结构、内部缺陷及其生长条件之间的关系。想要改善从而提高晶体的质量就必须从改变生长条件入手，控制晶体的内部缺陷的形成。

大量实验结果表明，通常认为过饱和度、温度、搅拌等因素都会影响晶体的生长动力学。此外，杂质、引入外场等条件也都会影响晶体动力学生长。

硫酸钠晶体平均粒径随结晶时间的变化如图 4.26 所示。通过数据形象地说明了硫酸钠晶体在 1min 结晶时间内从产生到生长的变化过程。随着结晶时间的增长，硫酸钠晶体的平均粒径刚开始时迅速增大，以后增大的速率逐渐放缓。

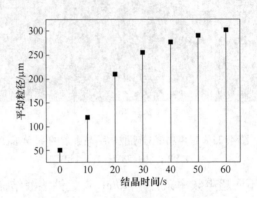

图 4.26　平均粒径随结晶时间的变化

图 4.27 为过饱和度分别为 1.1 和 1.3 时的晶体的粒度分布图。可以看出，过饱和度增加，晶体的粒度分布变窄，平均粒径减小。当过饱和度为 1.1 时，其平均粒径为 302.22μm；当过饱和度增大到 1.3 时，平均粒径减小为 286.12μm。而且从图中可以看出，其主粒径随着过饱和度的增加而减小，粒度分布变窄。

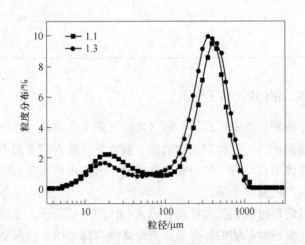

图 4.27　不同过饱和度对晶体的影响

搅拌强度可以通过促进溶液中各相间的传热与传质影响介稳区宽度，进而影响晶体的成核和生长过程。同时，搅拌是影响结晶粒度分布的重要因素。

　　图 4.28 给出了不同搅拌转速下硫酸钠晶体的粒度分布。从图 4.28 中可以看出，搅拌强度越大，由于搅拌的剪切力，晶体的平均粒径越小，粒度分布变窄。在搅拌转速为 300r/min 时，晶体的平均粒径为 293.48μm，而在 600r/min 时，晶体平均粒径减小为 284.93μm。

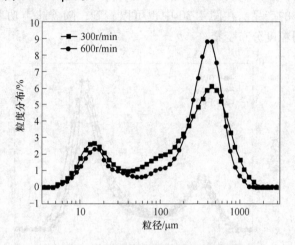

图 4.28　搅拌转速对晶体粒径的影响

　　硫酸钠体系引入超声场后，超声参数是影响晶体生长的一个非常重要的因素。随着超声时间的延长，晶体的生长速率得到提高。因为随着超声波的作用时间延长，空化效应产生的空化气泡迅速产生、增长、崩溃，给系统产生很大的能量，促进了晶核的产生及生长。超声时间对晶体生长速率的影响如图 4.29 所示。从图 4.29 可知，随着超声时间的延长，硫酸钠的成核速率呈线性增大，二者成几何正比的关系。

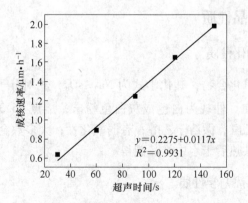

$y = 0.2275 + 0.0117x$
$R^2 = 0.9931$

图 4.29　不同超声时间下晶体的生长速率

　　除了超声时间外，超声功率同样是影响晶体生长的重要因素。通过实验研究，得到的结果如图 4.30 所示。从图 4.30 中可以看到两个方面的现象：一是在硫酸钠体系没有引入超声场与引入超声场后相比，晶体的粒径变小，粒度分布随之也变窄；二是随着超声功率的增大，晶体粒度分布变窄，平均粒径减小。在没有引入超声时，所得晶体平均粒径为 308.27μm，引入超声后继续增加超声强度，功率为 130W 时，晶体平均粒径减小到 241.67μm。这说明了增加超声功率有利于得到粒径较小的产品。在图 4.30 中也可以看到，随着超声功率的加强，其主粒径减小，说明粒度分布变窄。

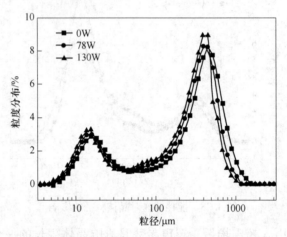

图 4.30　不同超声功率对晶体粒径影响

本节详细介绍了硫酸钠在自然条件下不同的降温速率、搅拌转速以及引入超声场条件下的各种结晶热力学、结晶成核动力学、结晶生长动力学数据，为硫酸钠结晶器的设计以及介稳区诱导期的控制提供了基本的数据，具有很大的工业价值。

4.4　砷酸钠的结晶性质

4.4.1　砷酸钠的物化性质

砷酸钠属于无机化合物，其化学式为 Na_3AsO_4，相对分子质量为 208，多以十二水合砷酸钠存在。外观为白色或灰白色粉末；熔点 86.3℃；溶解性：溶于水、甘油，不溶于乙醚，微溶于乙醇；有弱氧化性；大多数金属盐难溶；可由三氧化二砷与硝酸钠共热后于水中结晶制得。

4.4.2　砷酸钠结晶热力学性质

4.4.2.1　砷酸钠溶解度

在温度 283.15 ~ 353.15K 条件下对砷酸钠的溶解度数据进行测定并用 Apelblat 经验模型进行拟合，得到砷酸钠的溶解度曲线，如图 4.31 所示。

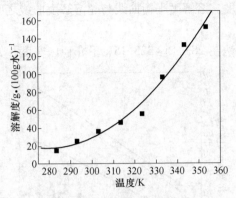

图 4.31 砷酸钠溶解度曲线

用 Apelblat 经验模型对 283.15~353.15K 条件下砷酸钠的溶解度数据进行拟合得到 $\ln(x) = -15.3334 - \dfrac{2052.1084}{T} + 3.2470\ln T$, 其中 $R^2 = 0.9844$。从图 4.31 的溶解度曲线可以看出,在 323.15K 时,溶解度出现比较大的偏差,通过重复实验得到在此温度下溶解度数据正确。同时可以看出,从 283.15~323.15K、323.15~353.15K,曲线的线性均比较好,因此将数据进行分段拟合,结果如图 4.32 所示。

从图 4.32 中可以看出,砷酸钠固体随着温度的增加溶解度增大,其溶解度受温度影响剧烈,砷酸钠在 323.15K 前后对温度敏感程度不同。

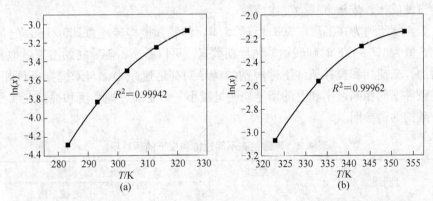

图 4.32 283.15~323.15K 溶解度曲线(a)及 323.15~353.15K 溶解度曲线(b)

4.4.2.2 砷酸钠的介稳区

当溶液浓度恰好等于溶质的溶解度,即达到固液平衡时,称为饱和溶液;当溶液中溶质的含量超过饱和状态下的溶质含量,则称为过饱和溶液。溶液处于过饱和状态时是不稳定的,随着溶质量的增加,越来越多的溶质分子欲自发产生晶核,当溶液中溶质分子达到极限后,溶液开始自发结晶,此时溶质的极限溶解度称为该溶质的超溶解度。溶解度平衡曲线与超溶解度曲线之间的区域为结晶的介稳区。

静置条件下砷酸钠在 283.15~323.15K 下介稳区宽度,如图 4.33 所示。

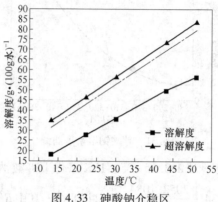

图 4.33 砷酸钠介稳区

图 4.33 所示为静置状态下砷酸钠在纯水中的溶解度和超溶解度曲线,图中溶解度曲线和超溶解度曲线之间表示砷酸钠的介稳区。从图 4.33 可以看出,砷酸钠的介稳区宽度随着温度的升高而变宽,超溶解度曲线以上部分区域为不稳定区,溶解度曲线以下部分为稳定区,介于溶解度和超溶解度区域的区间即为介稳区。按照结晶理论图中超溶解度曲线和虚线之间的范围为第一介稳区,在此区间溶液可以发生自发成核。溶解度曲线和虚线之间表示第二介稳区,在此区间溶液不能自发成核,成核方式为二次成核。

表 4.4 所列为在温度 (308.15±0.5)K,静置和搅拌转速为 200r/min 条件下,初始 S 值为 1.3~1.8 时砷酸钠的诱导期数据。可以看出,随着初始溶液过饱和度的增加,未搅拌和搅拌条件下砷酸钠的诱导期都迅速减小;与未搅拌条件相比,搅拌条件下的相同过饱和度的诱导期明显减小,可见高过饱和度和搅拌会明显减小砷酸钠的诱导期。

表 4.4 砷酸钠在不同过饱和度下的诱导期

过饱和度 S	诱 导 期	
	未搅拌	搅拌
1.3	36 分 35 秒	27 分 53 秒
1.4	14 分 21 秒	10 分 46 秒
1.5	8 分 29 秒	8 分 16 秒
1.6	6 分 19 秒	5 分 07 秒
1.7	5 分 30 秒	4 分 09 秒
1.8	5 分 08 秒	3 分 52 秒

将表 4.4 中的数据 $\ln(S)$ 对 $\ln t_{ind}$ 作图，结果如图 4.34 所示。

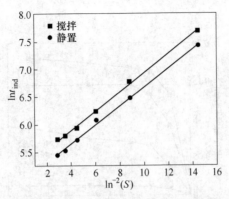

图 4.34　砷酸钠过饱和度对诱导期作图

从图 4.34 的实验数据可以看出，砷酸钠的诱导期随着过饱和度的增加而减小，静置条件下溶液比较稳定，溶液的诱导期最长，搅拌降低了砷酸钠的诱导期。

4.4.3　砷酸钠冷却结晶动力学性质

结晶动力学是结晶过程的又一个重要参数，是影响产品质量的决定因素，也是结晶器设计和使用的主要依据。结晶过程包含两个步骤：晶核形成和晶体生长。晶体可以形成的前提是母液达到一定的过饱和度或是过冷度。晶核的形成可以认为是母液中溶质分子相互碰撞、相互结合形成高度有序的晶体结构。晶体生长则可以认为是这些有序结构慢慢堆积的过程。晶体的成核和生长并不是相互独立的，在生长的过程中往往伴随着晶核的生成。下面将从晶核形成和晶体生长两个方面介绍砷酸钠结晶动力学性质。

依据砷酸钠热力学数据配制成不同过饱和度的过饱和溶液，按照一定的降温速率冷却结晶，可以得到干燥后晶体的悬浮密度和粒度分布。

4.4.3.1　晶浆的悬浮密度

悬浮密度指的是单位体积晶浆中所包含的晶体数（通常用质量体积表示）。砷酸钠在不同结晶时间和过饱和度条件下的悬浮密度如图 4.35 所示。可以看出，随着结晶时间的增加砷酸钠悬浮密度慢慢增加，当达到一段时间后悬浮密度基本不变，说明溶液中晶体的生长和溶解达到了固液平衡。在不同过饱和条件下晶浆悬浮密度增加也不一样，过饱和度越大晶浆悬浮密度增加越快。从图 4.35 可以看出，过饱和度为 1.95 的砷酸钠结晶速度非常快，在停留时间为 30min 时已接近最大。在相同停留时间，过饱和度越高，晶浆悬浮密度越大。这是因为过饱和度为结晶的推动力，刚开始过饱和度高晶体生长快，随着晶体的增多溶液过饱和度降低，因此表现在晶浆悬浮密度上就为：由刚开始的极速上升到后来的慢慢增加到基本不再增加。

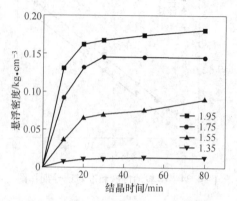

图 4.35　不同结晶时间和过饱和度时的悬浮密度

4.4.3.2　晶体的粒度

采用粒度分析仪可以得到砷酸钠晶体的粒度分布情况，图 4.36 介绍了在过饱和度为 1.35 时的砷酸钠晶体粒度分布。在不同的取样时间下得到的晶体通过测定其粒度分布和其在溶液中的晶浆悬浮密度，得到一系列参数，结果如表 4.5 所示。从图 4.36 和表 4.5 中可以清晰地看到，砷酸钠晶体的粒度分布比较均匀，随结晶时间的增大，产品晶浆悬浮密度和晶体尺寸都变大。

在静置、搅拌、超声条件下拍摄的砷酸钠晶体超景深三维显微镜照片，如图 4.37 和图 4.38 所示。从图 4.37 和图 4.38 中可以明显看出，在搅拌和超声作用的条件下，砷酸钠晶体的粒径变小，粒数增多，粒径变得更加均匀。

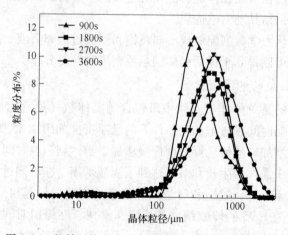

图 4.36　初始过饱和度为 1.35 的砷酸钠晶体粒度分布

表 4.5 砷酸钠在不同取样时间下的晶浆悬浮密度、晶粒平均尺寸和变异系数

时间/min	平均尺寸/μm	变异系数/%	悬浮密度/kg·m⁻³
15	160.58	66.57	130.96
30	168.70	64.60	145.81
45	170.83	54.60	146.20
60	174.36	54.50	147.10

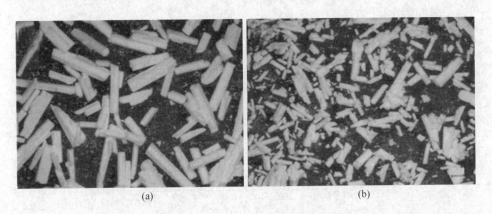

图 4.37　静置（a）和搅拌条件（b）下砷酸钠晶体超景深三维显微镜照片

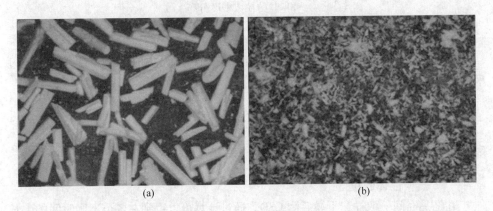

图 4.38　静置（a）和 100W 超声条件（b）下砷酸钠晶体超景深三维显微镜照片

通过实验测得给定条件下结晶产品的粒度分布 $n(L)$ 及停留时间 τ，则粒度分布公式为：

$$n_i(L) = \frac{M_T \cdot w\%}{\rho_c \cdot v_i \cdot \Delta v_i}$$

$$v_i = \overline{L}_i^3 , \quad \Delta v_i = \overline{L}_{i+1}^3 - \overline{L}_i^3$$

式中　M_T——晶浆悬浮密度；

$w\%$——第 i 个粒度区间内的粒子占粒子总量的质量分数;

ρ_c ——晶体密度,通过实验测得砷酸钠的晶体密度为 $\rho_c = 1.4303 \times 10^3 \mathrm{kg/m^3}$;

$\overline{L_i}$ ——区间内的平均粒度。

利用晶体粒数密度分布的计算公式,计算了在某一停留时间的晶体粒度分布,结果如图 4.39 所示。

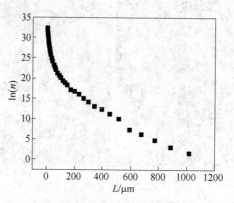

图 4.39   砷酸钠在结晶时间为
900s 时的粒数密度分布

4.4.3.3   晶体生长

假设砷酸钠晶体的生长在每个小范围内是与粒度无关的生长,在整个生长过程中符合指数生长模型,即 ΔL 定律。

$$\lim \frac{\Delta L}{\Delta t} = \frac{\mathrm{d}L}{\mathrm{d}t} = G$$

式中 G ——晶体线性生长速率;

t ——时间;

L ——晶体粒度。

在结晶时间 τ 取样,干燥后测 CSD。通过计算可以得到在各个不同时间的生长和成核速率,其结果列于表 4.6。

表 4.6   砷酸钠在过饱和度为 1.55 条件下不同时间的生长和成核速率

G	n_0	B	τ/s
6.73×10^{-8}	5.12×10^{20}	3.44×10^{13}	900
3.82×10^{-8}	3.44×10^{20}	1.31×10^{13}	1800
2.73×10^{-8}	2.59×10^{20}	7.08×10^{12}	2700
2.07×10^{-8}	2.53×10^{20}	5.23×10^{12}	3600

从表 4.6 中可以看出,随着结晶时间的增加,成核和生长速率首先增大然后

减小，在过饱和度为 1.55 的时候，当结晶 2700s 后溶液的成核和生长速率都达到了最大。原因是随着结晶过程的推移，由于二次成核的作用，晶体成核和生长达到了最大值，然后随着溶液中过饱和度慢慢减小，溶液中溶质分子的浓度降低，有序排列的几率降低，最终导致了成核和生长速率减小。

4.4.4　超声对砷酸钠冷却结晶过程性质的影响

在前面已经介绍了一些外加场对结晶行为的影响及其原理。在结晶过程中通常引入某些外加场来改变物系的结晶行为，例如在工业结晶中通常加入晶种来优化结晶过程和修饰结晶产物。在砷酸钠结晶体系中引入超声波作为外加场，会对砷酸钠的各种结晶性质产生影响，这种影响可以优化结晶过程中某些行为，因此，详细了解超声对砷酸钠结晶过程影响的相关数据十分重要。

4.4.4.1　超声对溶解度的影响

在前面砷酸钠溶解度数据的基础上加入超声波后得到超声条件下砷酸钠的溶解度曲线，如图 4.40 所示。从图 4.40 的实验数据可以看出，当超声场加入后砷酸钠的溶解度比不加超声场时有所增大，在温度相对较高的条件下超声增加溶解度更加明显。这可能是超声引起的强烈的搅拌效果和热效应对晶体的溶解产生了一定的影响。

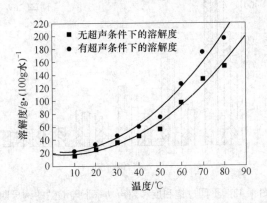

图 4.40　砷酸钠在有超声和无超声条件下的溶解度曲线

4.4.4.2　超声对诱导期的影响

在诱导期的测量中加入超声波和搅拌条件后，得到的诱导期对比如图 4.41 所示。

可以看出，搅拌和超声都可以降低饱和砷酸钠溶液的诱导期。当超声加入后大大地降低了砷酸钠诱导期，这意味着搅拌或超声都可以破坏溶液的稳定性，特别是超声波的空化作用大大提高了非均相成核反应速率，加速了反应物的扩散，促进了固体新相的形成，使晶核形成变得更加简单。

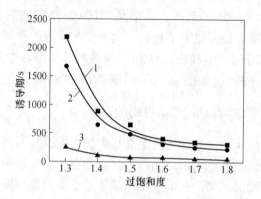

图 4.41　在不同条件下砷酸钠的诱导期
1—静置；2—搅拌；3—130W 超声

　　当改变超声的功率和溶液的过饱和度时，也会对砷酸钠的诱导期数据产生不同的影响。不同过饱和度和超声功率下砷酸钠诱导期数据如图 4.42 所示。

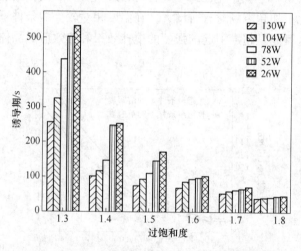

图 4.42　不同过饱和度和超声功率下砷酸钠的诱导期

　　可以发现，砷酸钠诱导期随着过饱和度的增加而减小，在相同的过饱和度下诱导期随超声功率的增大而减小。在低过饱和度下，不同超声功率降低诱导期的梯度变化比高饱和度条件下更明显。这一现象原理与上述提到活化分子的数量有密切的关系。在高过饱和度下砷酸钠溶液的活化分子密度较大，增大超声功率对这种变化不明显。

4.4.4.3　超声对介稳区的影响

　　在过饱和度为 1.5，温度为 0~50℃条件下研究了不同超声功率对砷酸钠介稳区的影响，超声功率分别为 0W、26W、52W、78W、104W、130W，结果如图

4.43 所示。从图可以看出，超声降低了砷酸钠结晶介稳区宽度，不同超声功率对介稳区影响有微小的差异，当从无超声变为有超声时，介稳区降低效果更加明显。

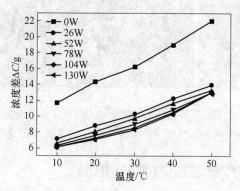

图 4.43　不同超声功率条件下的砷酸钠诱导期

4.4.4.4　超声对粒度分布的影响

超声对粒度分布及超景深三维显微镜照片的影响如图 4.44 和图 4.45 所示。从图 4.44 和图 4.45 可以看出两个现象：在有超声条件下得到的晶体颗粒比未加超声条件得到的晶体颗粒小，晶体尺寸随超声功率的增加而减小，当超声功率从 26W 增加到 130W 时，砷酸钠晶体平均尺寸从（398.87 ±3.27）μm 降低到（168.68 ±2.07）μm；超声降低了晶体的凝聚，使晶体更加细小，粒度分布更加均匀。超声加速了晶核的形成，但同时抑制了晶核的生长，使得到的晶体更加细小均匀，这个现象与奥斯瓦尔德（Ostwald）成核机理相符合。

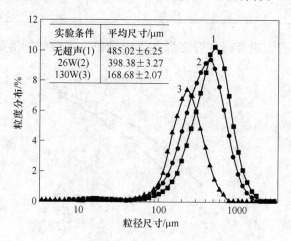

图 4.44　超声对砷酸钠晶体粒度分布的影响

1—无超声；2—26W 超声；3—130W 超声

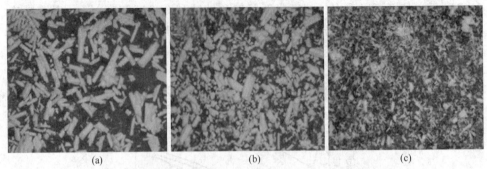

(a)   (b)   (c)

图 4.45   在不同实验条件下的砷酸钠晶体超景深三维显微镜照片

（a）无超声；（b）20W 超声作用；（c）100W 超声作用

4.4.5 磁场对砷酸钠冷却结晶过程性质的影响

前面已经介绍了磁场对结晶过程的影响以及磁分离技术的发展，下面主要介绍磁场影响砷酸钠结晶行为的相关数据。

4.4.5.1 磁场对溶解度的影响

磁场对溶解度的影响数据见表 4.7。

表 4.7   砷酸钠在磁场和非磁场条件下溶解度

温度/K	无磁场下溶解度/g·(100g 水)$^{-1}$	0.5T 磁场下溶解度/g·(100g 水)$^{-1}$
283.15	16.05	11.7
293.15	25.74	18.35
303.15	35.91	29.83
313.15	46.56	41.46
323.15	56.24	52.63

对上述数据进行拟合得到有磁场和无磁场条件下砷酸钠溶解度曲线，如图 4.46 所示。

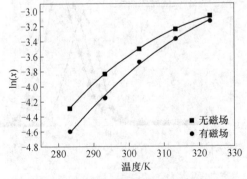

图 4.46   在不同温度下砷酸钠在
有无磁场下的溶解度曲线

通过表 4.7 和图 4.46 可以看出，加入磁场以后砷酸钠溶解度有所降低。这和 4.2 节中磁场对结晶影响的结果相一致，磁场的存在加速了溶液中不稳定晶相的溶解，同时加速了稳定晶相的形成，从而使得溶解度降低。

4.4.5.2 磁场对介稳区的影响

在磁场强度为 0T、0.33T、0.4T、0.45T、0.5T 时，测量得到的砷酸钠介稳区以浓度差 ΔC 为表示方法，得到不同温度和磁场强度下的诱导期数据，结果如图 4.47 所示。

从图 4.47 中的实验数据可以看出，磁场降低了砷酸钠过饱和溶液的介稳区宽度，并且随着磁场强度的增大介稳区逐渐变窄。

4.4.5.3 磁场对晶体成核和生长的影响

通过研究磁场和非磁场条件下的砷酸钠的诱导期数据以及晶浆悬浮密度，来解释磁场对晶体成核和生长的影响，如图 4.48、图 4.49 所示。

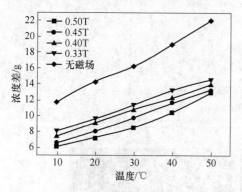

图 4.47 不同磁场条件下的砷酸钠诱导期

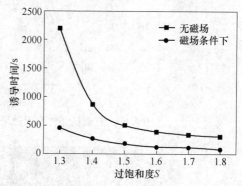

图 4.48 磁场和非磁场条件下砷酸钠诱导期

图 4.49 有无磁场条件下砷酸钠结晶 1min 时的晶浆
1—0.5T 磁场；2—不加磁场

从图 4.48 可以清晰地看到，磁场降低了砷酸钠诱导期，在相同的过饱和度下磁场大大加速了晶核的形成。在过饱和度为 1.3 时，砷酸钠溶液的诱导期在有磁场的条件下从2200s迅速降低至480s左右,充分验证了磁场对晶核形成的促进作用。图4.49显示了结晶1min后有磁场和无磁场条件下晶浆的变化,当0.5T磁场加入后溶液结晶速率比不加磁场增大很多。

通过图4.50和图4.51可以看出,在磁场存在的条件下,砷酸钠晶体的晶浆悬浮密度比无磁场条件下明显增大,再次验证了磁场会促进晶核的形成。砷酸钠晶体形貌和大小在有磁场和无磁场条件下有很大区别。图4.51(a)为不加磁场得到的晶体,图4.51(b)为加入0.5T磁场得到的晶体,当磁场加入后晶体颗粒有了明显的减小。这可能是加入磁场后加速了离子在水溶液中的迁移,加速了顺磁性物质在外加场中的旋转,加速了成核过程,同时抑制了晶核的生长。

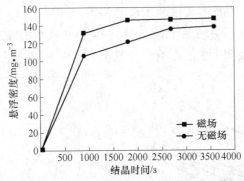

图4.50　有磁场条件和无磁场条件下砷酸钠的晶浆悬浮密度

图4.51　有磁场和无磁场条件下砷酸钠晶体显微镜图
(a)无磁场;(b)0.5T磁场

上面的数据介绍了超声、磁场对砷酸钠各种结晶性质的影响,为了验证外加场对砷酸钠晶体内部结构的影响,分别研究了砷酸钠晶体的XRD衍射图和红外图谱,见图4.52和图4.53。

广角度的XRD图显示有无磁场得到的砷酸钠晶体在衍射角度和衍射峰强度上几乎没有区别,这说明它们的晶体结构是一致的。红外光谱图显示在

807.44cm⁻¹ 和 1436.23cm⁻¹ 波数下 As-O 对红外有很强的吸收，但是两种条件下得到的晶体在出峰位置没有区别。这说明磁场没有改变砷酸钠晶体的内部结构，只是改变了形貌和结晶的速度。

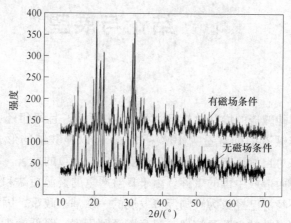

图 4.52　有磁场和无磁场条件下晶体的 XRD 衍射

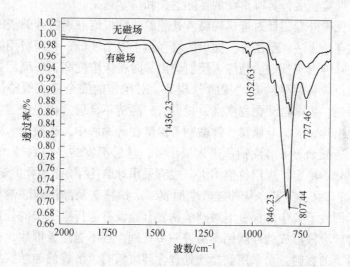

图 4.53　有磁场和无磁场条件下晶体的红外图谱

5 结论与展望

5.1 结论

目前，我国砷碱渣的堆存总量已达到 20 多万吨，且每年还有 800~1000t 左右的增加量。砷碱渣中砷含量为 10%~15%，砷以砷酸钠的形式存在，易溶于水，一旦泄漏将对自然环境和人们的生命安全造成严重的危害。国内已发生多起因贮存不当泄漏而造成中毒的事件。由于日益严重的资源短缺和生态环境恶化等问题，发展循环经济已经成为我国经济发展的一项基本政策，因此对砷碱渣进行综合利用，能够大大减少资源浪费，提高资源利用率，降低污染排放，从而促进经济社会可持续发展，具有重要的实际意义和科学意义。

目前未见国外专门针对炼锑砷碱渣处理的研究报道。国内砷碱渣的处理有多种方式：堆存、火法、湿法等。简单的堆存由于安全性低，管理费用高，已很少采用。火法除砷由于扯泡、精炼、反射炉出锑时粉尘浓度高，环境污染严重，有碍工人健康；炉料熔融后有"沸腾"现象，对操作的安全造成威胁，并且为了避免二次污染，要求自动化程度高，投资大，经济不合理。在湿法工艺中，通常采用热水浸出砷碱渣，金属锑、锑酸钠等保留在砷锑渣中，碳酸钠、砷酸钠、硫酸钠、硫代硫酸钠等可溶性钠盐进入浸出液，然后蒸发结晶得到砷、碱复合盐。该复合盐成分不稳定，应用价值不大。也有采用球磨-浸出-碳酸化除锑-真空过滤-蒸发浓缩-冷却结晶工艺，从砷碱渣中回收二次锑精矿及晶体砷酸钠复合盐。这一工艺虽然回收了其中的锑，但对砷酸钠复合盐没有进行进一步的处理。采用钙盐法处理含砷废液形成的砷酸钙不易进一步处理，且不能露天堆放，也未从根本上解决砷污染的威胁。而采用铁盐法处理含砷废液时，形成的砷酸铁虽然比较稳定，但砷资源没有被充分利用。

目前处理砷碱渣的方法是首先热水浸出，然后采用脱锑剂使锑进入锑渣，而碳酸钠、砷酸钠、硫酸钠等可溶性钠盐进入浸出液，最后蒸发结晶得到砷、碱复合盐，但砷、碱仍没有彻底分离，所得砷酸钠复合盐纯度低，附加价值低。结晶工艺参数的控制是实现砷、碱有效分离的关键。结晶过程是一个复杂的传质、传热过程，物化条件的改变就会引起结晶过程控制步骤的改变，表现为不同的结晶行为，从理论研究以及实际应用角度看，溶液结晶的主要特性参数可以归纳为热力学参数和动力学参数。对特定物系结晶过程行为的研究首先应该从该物系的热力学性质入手。结晶热力学主要是用来研究体系内固液各相中分子间相互作用以及分子热运动的综合表征。固体物理化学性质如熔化温度、溶解度、介稳区、溶解热、活度系数和溶液黏度等是选择合适的结晶方式和相应的操作条件的重要依据，同时结晶过程中物系的热力学数据还是进行结晶动力学和结晶工艺研究的基础。工业结晶过程中应避免自发成核，也就是尽量控制在介稳区内结晶。因此，在工业结晶条件下得到的超溶解度曲线和介稳区宽度对结晶工艺设计非常重要。超声结晶是利用超声波的能量控制工业结晶过程的方式。由于超声波作用于液体时，液体中的空化气泡崩溃，会产生局部的高温高压极端环境，对溶液结晶过程中的一些基本物性数据，如溶解度、介稳区、诱导期及成核粒度等都会有所影响，这正是超声波能够极大促进许多物质结晶的原因。这些研究在国内外已有不少报道，但在结晶中的应用大多处于工艺性研究，而其理论方面的研究还不是很多。因此，测定砷酸钠的浓缩结晶和超声诱导过程热力学等基础数据对于实际结晶过程有着重要的意义。

从溶液中生长晶体的最重要的平衡特征是溶解度。对于一个特定的物系，在一定压力下的溶解度曲线是固定的，而超溶解度曲线往往受流体力学、晶种量、降温速率、器壁性质、样品体积、物理场（如超声场、电场、重力场）、磁场和杂质等因素的影响，故介稳区的宽度也相应地受影响。一般来说，结晶过程包括晶核形成和晶核长大的过程，成核过程主要考虑热力学条件，而生长过程则主要考虑动力学条件。整个结晶动力学可以由下列主要参数说明，即过饱和度或过冷度、成核速率和晶体生长速率。由于结晶时相生成过程的复杂性，对它的各步骤进行动力学描述有一定的困难。研究砷酸钠结晶规律及其因素的影响主要集中在晶核的生成与晶粒的长大两步骤。已有研究表明，超声波能够极大缩短许多物质结晶诱导期。但超声空化促进成核是一个微观过程，直接实验验证非常困难。本书通过测量超声波作用下砷酸钠溶液升温结晶和降温结晶成核诱导期，从新的角度解释超声波促进溶液成核的微观机理。目前，未见国内外关于锑冶炼砷碱渣所得砷酸钠复合盐的热力学、动力学及结晶机理的研究报道。由于砷酸钠及复合盐的相关基础理论的缺乏，导致结晶参数一直得不到很好的优化、砷碱无法彻底分离。

结晶技术作为一门古老又高效的分离手段在工业分离提纯中发挥着巨大的作用，无论是药物的分离提纯还是无机盐的分离提纯，结晶过程都是必不可少的步骤。本书从当前砷碱渣处理技术和砷酸钠复合盐分离技术的发展及各种处理方法的效果、对环境的影响、经济效益等方面比较得知，结晶分离法是分离处理砷碱渣最高效的技术，并整理总结了砷碱渣中主要化合物硫酸钠、砷酸钠相关的结晶性质。为砷碱渣大规模工业结晶分离奠定了基础。

（1）首先采用静态法测定了硫酸钠、砷酸钠在纯水中的溶解度，并实验测定了引入超声和磁场对硫酸钠、砷酸钠的溶解度。

（2）采用激光测量装置对硫酸钠、砷酸钠溶液的结晶热力学行为的各种影响因素进行了研究。研究发现，与未引入外场（超声场）相比，应用超声技术使得介稳区宽度逐渐变小；增加降温速率或减小搅拌转速都可以使得介稳区宽度变宽；诱导期随着超声时间的延长而大大缩短；晶体粒径也有很大的变化；晶体质量随着超声频率的增加而增多。但是晶体的形状并没有因为引入外场而发生变化。超声和磁场都缩短了介稳区。磁场减小了诱导期，加快了结晶速率。

（3）根据经典成核动力学理论，根据表面张力的大小确定了硫酸钠晶体生长模式为连续生长模式。通过悬浮密度、过饱和度、体积形状因子等参数的计算，得出在硫酸钠系统中硫酸钠晶体的成核动力学和生长动力学方程式。实验结果显示，超声和磁场都加速了硫酸钠晶核的形成，降低了晶体的生长速率。

（4）最后研究了超声和磁场对砷酸钠晶体形貌、粒度分布和晶体结构的影响。根据在不同条件下得到的晶体形貌发现在无外加场条件下砷酸钠晶体颗粒比较大，并且有聚集和破损现象，当加入磁场或超声后破损现象有明显好转，并且得到的晶体颗粒均匀、粒度分布变窄。

5.2 展望

随着湖南锡矿山锑冶炼的进行以及其他含砷矿产的开采使得砷碱渣的堆积量越来越大，这些未经处理的矿渣像一个个定时炸弹，随时威胁着人民群众的健康和生命安全，同时矿渣的堆积也造成了资源的严重浪费。本书认为先将砷碱渣浸出后变为浸出液，然后通过结晶的方法分离提纯砷酸钠是一种切实可行的方法。通过对硫酸钠与砷酸钠冷却结晶过程中各种结晶性质数据的梳理总结，为砷酸钠结晶器的研发和分离出高纯度的砷酸钠提供参考。

本书对超声和磁场影响硫酸钠、砷酸钠冷却结晶的相关数据做了整理，但是仍然存在一些需要继续研究的地方：

（1）实际的砷碱渣浸出液为多组分的混合液，本书所整理的相关数据在测量过程中只考虑了纯物质的溶解度数据、介稳区宽度和结晶诱导期，没有考虑到加入杂质后对热力学数据的影响。

（2）在超声和磁场对冷却结晶过程的影响中，加入超声或磁场后会对溶液产生相当于搅拌的效果，做对比实验时没有考虑到超声和磁场的机械效应。同时超声强度和磁场强度的影响未能与其他学者的研究进行对比。因为研究者硬件条件限制，超声功率最大只做到130W，磁场强度最大为0.5T，在更大的超声功率以及更大的磁场强度下的结晶数据有待进一步研究。

（3）目前还没有相关的结晶器的参数设置对砷碱渣分离过程的影响深入的研究资料，日后也有待进一步地研究。

（4）本书整理的结晶数据只是在实验室条件下的研究结果，没有考虑混合物中的结晶行为，与实际工业操作工艺存在着差距。在工业生产中还有待结合实际过程进行更深入的研究，以便符合工业生产的要求。

附　录

符号说明

字　符	中　文　意　义	单　位
x	物质的量浓度	mol/L
R	理想气体常数	8.314J/(K·mol)
S	无量纲相对过饱和度（c/c_0）	
t_{ind}	诱导时间	S
k	玻耳兹曼常数	1.381×10^{-23} J/K
T	绝对温度	
ν	每摩尔电解质溶解中离子的摩尔数	mol
γ	溶液的表面张力	N/m
V_m	分子体积	m^3
τ	停留时间	s
L	晶体尺寸	μm
L_i	第 i 个区间晶体的尺寸	μm
L_{50}	晶体平均尺寸	μm
$C.V$	无量纲变异系数	
M_T	晶浆悬浮密度	kg/m^3
$w\%$	第 i 个粒度区间内的粒子占粒子总量的质量分数	
n	粒数密度（单位体积晶浆中的晶体粒度分布密度）	$m^{-1} \cdot m^{-3}$
n_0	初始粒数密度	$m^{-1} \cdot m^{-3}$
G	晶体生长速率	$m \cdot s^{-1}$
B	晶体成核速率	$m^{-3} \cdot s^{-1}$
c	溶液浓度	g/L
$MSMPR$	混合悬浮结晶	
ρ_c	晶体密度	kg/m^3
α	直线斜率	

参 考 文 献

[1] 陈保卫, Le X Chris. 中国关于砷的研究进展 [J]. 环境化学, 2011, 30 (11)：1936~1941.

[2] 肖细元, 陈同斌. 中国主要含砷矿产资源的区域分布与砷污染问题 [J]. 地理研究, 2008, 27 (1)：201~212.

[3] 张雨梅. 畜禽养殖废弃物中有机胂残留对环境的影响 [J]. 农业环境科学学报, 2007, 26 (增刊)：224~228.

[4] 李银生, 曾振灵, 陈杖榴. 洛克沙砷的作用、毒性及环境行为 [J]. 上海畜牧兽医通讯, 2003 (1)：10~12.

[5] 王奎克, 朱晟, 郑同. 砷的历史在中国 [J]. 自然科学史研究, 1982, 1 (2)：115~126.

[6] 彭欣, 陈国树. 环境中微量砷及砷化合物的分析进展 [J]. 江西科学, 2001, 19 (3)：185~191.

[7] 易飞, 彭振磊, 赵利霞, 等. 环境中砷化合物分析技术 [J]. 生命科学仪器, 2005, 3 (6)：3~8.

[8] 肖唐付, 洪冰, 杨中华, 等. 砷的地球化学及其环境效应 [J]. 地质科技情报, 2001, 20 (1)：71~76.

[9] 黄懿, 胡军, 李倦生. 锑工业中锑污染物排放调查及防治对策探讨 [J]. 环境科学与技术, 2010, 33 (6E)：252~255.

[10] 李建胜, 梁汉青. 冷水江市锡矿山地区砷碱渣综合利用处理对策研究 [J]. 湖南有色金属, 2010, 26 (5)：53~55.

[11] 罗广福. 一种锑冶炼砷碱渣的处置方法 [P]. 中国：00131557.9, 2003.6.

[12] 彭昆元, 胡奇, 胡维全. 一种锑冶炼砷碱渣的除毒增利方法及高温节能熔炼炉 [P]. 中国：200510085657.3, 2007.6.

[13] 龚奠平, 龚海龙, 李承义. 砷碱渣的火法处理方法 [P]. 中国：200810032090.7, 2009.3.

[14] 仇勇海, 卢炳强, 陈白珍. 无污染砷碱渣处理技术工业试验 [J]. 中南大学学报, 2005, 36 (2)：234~237.

[15] 孙蕾. 中国锑工业污染现状及其控制技术研究 [J]. 环境工程技术学报, 2012, 2 (1)：60~66.

[16] 陈白珍, 王中溪, 周竹生. 二次砷碱渣清洁化生产技术工业试验 [J]. 矿冶工程, 2007, 27 (2)：47~49.

[17] 徐利时, 刘琼. 炼锑砷碱渣浸出液硫化脱砷过程的研究 [J]. 化工环保, 1997 (17)：284~286.

[18] 李慧, 曾桂生, 邵建广, 等. 炼锑砷碱渣中锑砷分离及动力学研究 [J]. 有色金属, 2012 (3)：1~3.

[19] 王中溪. 清洁化综合处理二次砷碱渣的工艺研究 [D]. 长沙：中南大学, 2007.

[20] 金哲男, 蒋开喜, 魏绪钧, 等. 处理炼锑砷碱渣的新工艺 [J]. 有色金属, 1999：11~14.

[21] 王建强, 柴立元. 砷碱渣的治理与综合利用现状及研究进展 [J]. 冶金环境保护, 2004 (3): 29~31.

[22] 王建强. 湿法处理砷碱渣制备胶体五氧化二锑的研究 [D]. 长沙: 中南大学, 2005.

[23] 王建强, 云燕, 王欣, 等. 湿法回收砷碱渣中锑的工艺研究 [J]. 环境工程学报, 2006, 7 (1): 64~67.

[24] 邓卫华, 柴立元, 戴永俊. 锑冶炼砷碱渣有价资源综合回收工业试验研究 [J]. 湖南有色金属, 2014, 30 (3): 24~27.

[25] 韦元基, 韦健. 分步结晶法分离回收砷酸钠和碱的方法 [P]. 中国: 200410013369.2, 2006.8.

[26] 仇勇海, 钟宇. 无污染砷碱渣处理方法 [P]. 中国: 200410023055, 2008.7.

[27] 张海德, 李琳, 郭祀远. 结晶分离技术新进展 [J]. 现代化工, 2001, 21 (5): 13~16.

[28] 骆广生. 一种新型的化工分离方法——萃取结晶法 [J]. 化工进展, 1994 (6): 8~11.

[29] 叶铁林. 化工结晶过程原理及应用 [M]. 北京: 北京工业大学出版社, 2006.

[30] 钱逸泰. 结晶化学导论 [M]. 合肥: 中国科学技术大学出版社, 1988.

[31] 丁绪淮. 工业结晶 [M]. 北京: 化学工业出版社, 1985.

[32] 何涌, 雷新荣. 结晶化学 [M]. 北京: 化学工业出版社, 2008.

[33] 李慧. 硫酸钠溶液超声结晶热力学和动力学研究 [D]. 南昌: 南昌航空大学, 2013.

[34] 陈霞. 超声波对硫酸钠溶液结晶影响的研究 [D]. 天津: 天津大学, 2008.

[35] 王贤勇. 超声和磁场作用下砷酸钠结晶热力学和动力学研究 [D]. 南昌: 南昌航空大学, 2014.

[36] 杨立斌, 杜娟. 十水硫酸钠冷却结晶动力学的研究 [J]. 无机盐工业, 2009, 41 (4): 18~20.

[37] 陈霞, 李鸿. 超声波对硫酸钠溶液结晶成核的影响 [J]. 天津大学学报, 2011, 44 (9): 835~839.

[38] 李淑萍. 用动态间歇法研究硫酸钠结晶动力学参数 [J]. 山西化工, 2003, 23 (3): 34~52.

[39] 彭新平. 锑冶炼砷碱渣水热浸出脱砷回收锑试验研究 [J]. 湖南有色金属, 2013, 29 (1): 54~57.

[40] 廖佳乐. 炼锑砷碱渣处理生产实践 [J]. 锡矿山科技, 2008 (4): 19~23.

[41] 锡矿山矿务局. 二次砷碱渣综合回收工艺初探 [J]. 锡矿山科技, 1993 (3): 1~3.

[42] 吴少华. 浅谈我局砷碱渣处理的发展出路 [J]. 锡矿山科技, 1992 (3): 45~48.

[43] 徐利时, 刘琼. 炼锑砷碱渣硫化脱砷过程的研究 [J]. 锡矿山科技, 1996 (2): 17~19.

[44] 陈友善. 锡矿山锑冶炼中砷的回收利用 [J]. 锡矿山科技, 1981 (2): 27~33.

[45] 杨维琅. 锑精矿鼓风炉挥发熔炼 [J]. 锡矿山科技, 1981.

[46] 科研所. 砷酸钠混合盐分析法 [J]. 锡矿山科技, 1974 (4): 13~23.

[47] 廖静波. 锑反射炉精炼砷渣中锑硒分离的研究 [J]. 锡矿山科技, 2009 (1): 7~10.

[48] 徐利时, 刘琼. 浅谈炼锑含砷废渣处理工艺 [J]. 锡矿山科技, 1997 (3): 30~33.

[49] 李建民, 杜振雄. 铅锑合金冶炼的除砷方法 [P]. 中国: 00121824.7, 2000.

［50］王静康．化学工程手册［M］．北京：化学工业出版社，1996．

［51］黄自力，刘缘缘，陶青英，等．石灰沉淀法除砷的影响因素［J］．环境工程学报，2012，6（3）：734～738．

［52］［美］白瑞纳克，L．L．声学［M］．章启馥，译．北京：高等教育出版社，1959：1～26．

［53］赵之平，陈澄华．超声传质过程机理［J］．化工设计，1997（6）：30～33．

［54］张光雷，超声波对阿洛西林酸反应结晶过程的影响研究［D］．天津大学，2012．

［55］李艳斌，王永莉，郭志超，等．头孢哌酮钠结晶诱导期的研究［J］．化学工业与工程，2003，20（6）：421～425．

［56］丘泰球，李月花，陈树功．高能声场对蔗糖溶液结晶成核作用的机理研究［J］．甘蔗糖业，1993（1）：30～38．

［57］陈国辉，张斌，张平民．超声强化铝酸钠溶液分解过程中的成核现象［J］．有色金属，2003，55（2）：28～30．

［58］孙佳江，郭祀远．磁场处理对蔗糖结晶速度的影响［J］．齐齐哈尔轻工学院学报，1995，11（2）：31～34．

［59］马伟，马荣骏．磁场效应对三氧化二砷结晶过程的影响［J］．中国有色金属学报，1995，5（4）：59～62．

［60］谢慧明，张文成，王华锋，等．电磁诱导对葛根素结晶速率、晶体形貌及纯度影响研究［J］．农业工程学报，2006，22（7）：220～222．

［61］张惠，计建炳，徐之超，等．超声波在废水处理中的应用［J］．化工时刊，2001（7）：7～9．

［62］张爱群，杨立斌，沙作良，等．过饱和度对芒硝结晶过程影响分析［J］．盐业与化工，2009，38（3）：51～53．

［63］杭方学，丘泰球．超声对穿心莲内酯溶析结晶的影响［J］．高校化学工程学报，2008，22（4）：585～590．

［64］伍沅．工业磷酸三钠溶液的介稳区及其结晶生长速度［J］．化学工程，1985（4）：41～47．

［65］樊丽华，马沛生，相政乐．己二酸的结晶热力学研究［J］．石油化工，2006，35（3）：245～249．

［66］汤虎，孙智达，徐志宏，等．超声波改性对小麦面筋蛋白溶解度影响的研究［J］．食品科学，2008，29（12）：368～372．

［67］褚明伟．葡萄糖酸钠结晶过程研究［D］．上海：华东理工大学，2012．

［68］张小霓，于萍，罗运柏．溶液电导率法对碳酸钙结晶动力学的研究［J］．应用化学，2004，21（2）：187～191．

［69］国家发改委环境和资源综合利用司．我国砷碱渣综合利用情况及对策建议［J］．中国经贸导刊，2004（1）：29．

［70］李玉虎．有色冶金含砷烟尘中砷的脱除与固化［D］．长沙：中南大学，2012．

［71］邹家庆，等．工业废水处理技术［M］．北京：化学工业出版社，2003：291～293．

［72］Yanagiya S，Sazaki G，Durbin S D，et al．Effects of a magnetic field on the growth rate of tetragonal lysozyme crystals [J]. Journal of Crystal Growth, 2000, 208 (1~4): 645~650.

[73] Sazaki G. Crystal quality enhancement by magnetic fields [J]. Progress in Biophysics and Molecular Biology, 2009, 101 (1~3): 45~55.

[74] SØrensen J S, Hans E, Madsen L R. The induence of magnetism on precipitation of calcium phosphate [J]. Journal of Crystal Growth, 2000, 216 (1~4): 399~406.

[75] Higashitani K, Kage A, Katamura S, Imai K, et al. Effects of a magnetic field on the formation of $CaCO_3$ particles [J]. Colloid Interface Sci. , 1993, 156 (1): 90~95.

[76] Hollysz L, Chibowski M, Chibowski E. Time-dependent changes of zeta potential and other parameters of in situ calcium carbonate due to magnetic field treatment [J]. Colloids and Surfaces A: Physicochemical and Engineering Aspects, 2002, 208 (5): 231~240.

[77] Kobe S, Drazic G, Cefalas A C, et al. Nucleation and crystallization of $CaCO_3$ in applied magnetic fields [J]. Crystal Engineering, 2002, 5 (3): 243~253.

[78] Barrett R A, Parsons S A, The influence of magnetic fields on calcium carbonate precipitation [J]. Water Research, 1998, 32 (7): 609~612.

[79] Volz M P, Walker J S, Schweizer M, et al. Bridgman growth of germanium crystals in a rotating magnetic field [J]. Journal of Crystal Growth, 2005, 282 (5): 305~312.

[80] Liu L, Wu W T, Xiao C F. Pulsed magnetic field as a new technique to control the crystallization and orientation of poly (trimethylene terephthalate) [J]. Polymer Bulletin, 2011, 67 (5): 1325~1333.

[81] Lundager Madsen H E. Influence of magnetic field on the precipitation of some inorganic salts [J]. Journal of Crystal Growth, 1995, 152 (1~2): 94~100.

[82] Breval E, Klimkiewicz M, Shi Y T, et al. Magnetic alignment of particles in composite films [J]. J. Mater Sci. , 2003, 38 (6): 1347~1351.

[83] Jin S, Sherwood R C. New Z−direction anisotropically conductive composites [J]. J. ppl. Phy. , 1988, 64 (10): 6008~6010.

[84] Saban K V, Jini T, Varghese G. Impact of magnetic field on the nucleation and morphology of calcium carbonate crystals [J]. Cryst. Res. Technol. , 2005, 40 (8): 748~751.

[85] Boels L, Wagterveld R M, Witkamp G J. Ultrasonic reactivation of phosphonate poisoned calcite during crystal growth [J]. Ultrasonics Sonochemistry, 2011, 18 (5): 1225~1231.

[86] Patrick M, Blindt R, Janssen J. The effect of ultrasonic intensity on the crystal structure of palm oil [J]. Ultrasonics Sonochemistry, 2004, 11 (4): 251~255.

[87] Kurotani M, Miyasaka E, Ebihara S, et al. Effect of ultrasonic irradiation on the behavior of primary nucleation of amino acids in supersaturated solutions [J]. Journal of Crystal Growth, 2009, 311 (9): 2714~2721.

[88] Ruecroft G, Hipkiss D, Ly T, et al. Sonocrystallization: The use of ultrasound for improved industrial crystallization [J]. Organic Process Research & Development, 2005, 9 (6): 923~932.

[89] Yaminskii V V, Yaminskaya K B, Pertsov A V. Effect of ultrasound on nucleation and coagula-

tion in crystallisation from solution [J]. Coll. J. USSR, 1991, 53 (6): 83~86.

[90] Söhnel, Mullin J W. Interpretation of crystallization induction periods [J]. Colloid Interface Sci. , 1988, 123 (1): 43~50.

[91] Gürbüz H, Tokay B, Erdem-Senatalar A. Effects of ultrasound on the synthesis of ilicalite-1 nanocrystals [J]. Ultrasonics Sonochemistry, 2012, 19 (5): 1108~1113.

[92] Amara N, Ratsimba B, Wilhelm A, et. al. Growth rate of potash alum crystals: comparison of silent and ultrasonic conditions [J]. Ultrasonics Sonochemistry, 2004, 11 (1): 17~21

[93] Guo Z, Jones A G, Li N. Interpretation of the ultrasonic effect on induction time during $BaSO_4$ homogeneous nucleation by a cluster coagulation model [J]. Journal of Colloid and Interface Science, 2006, 297 (6): 190~198.

[94] Luque M D, Priego-Capote F. Ultrasound-assisted crystallization (sonocrystallization) [J]. Ultrasonics Sonochemistry, 2007, 14 (7): 717~724.

[95] Lyczko N, Espitalier F, Louisnard O, et al. Effect of ultrasound on the induction time and the metastable zone widths of potassium sulphate [J]. Chemical Engineering Journal, 2002, 86 (3): 233~241.

[96] Vironea C, Kramer H J M, Van Rosmalen G M. Primary nucleation induced by ultrasonic cavitation [J]. Crystal Growth, 2006, 294 (1): 9~15.

[97] Amara N, Ratsimba B, Wilhelm A M, et al. Crystallization of potash alum: effect of power ultrasound [J]. Ultrasonics Sonochemistry, 2001, 8 (3): 265~270.

[98] Kima J M, Chang S M, Kim K S, et al. Colloids Surfaces A, 2011, 375 (5): 193~199.

[99] Mougin P, Wilkinson D, Roberts K J, et al. Sensitivity of particle sizing by ultrasonic attenuation spectroscopy to material properties [J]. Powder Technol. , 2003, 134 (3): 243~248.

[100] Richards W T, Loomis A I. The chemical effects of high frequency sound waves I. A preliminary survey [J]. Am. Chem. Soc. , 1927, 49 (12): 3086~3100.

[101] Peter G, Rok P, Janez M, et al. Measurements of cavitation bubble dynamics based on a beam-deflection probe [J]. Appl. Phys. , A, 2008, 93 (4): 901~905.

[102] Rok P, Peter G. A laser probe measurement of cavitation bubble dynamics improved by shock wave detection and compared to shadow photography [J]. Appl. Phys. , 2007: 102.

冶金工业出版社部分图书推荐

书　名	定价(元)
新能源导论	46.00
锡冶金	28.00
锌冶金	28.00
工程设备设计基础	39.00
功能材料专业外语阅读教程	38.00
冶金工艺设计	36.00
机械工程基础	29.00
冶金物理化学教程（第2版）	45.00
锌提取冶金学	28.00
大学物理习题与解答	30.00
冶金分析与实验方法	30.00
工业固体废弃物综合利用	66.00
中国重型机械选型手册—重型基础零部件分册	198.00
中国重型机械选型手册—矿山机械分册	138.00
中国重型机械选型手册—冶金及重型锻压设备分册	128.00
中国重型机械选型手册—物料搬运机械分册	188.00
冶金设备产品手册	180.00
高性能及其涂层刀具材料的切削性能	48.00
活性炭—微波处理典型有机废水	38.00
铁矿山规划生态环境保护对策	95.00
废旧锂离子电池钴酸锂浸出技术	18.00
资源环境人口增长与城市综合承载力	29.00
现代黄金冶炼技术	170.00
光子晶体材料在集成光学和光伏中的应用	38.00
中国产业竞争力研究—基于垂直专业化的视角	20.00
顶吹炉工	45.00
反射炉工	38.00
合成炉工	38.00
自热炉工	38.00
铜电解精炼工	36.00
钢筋混凝土井壁腐蚀损伤机理研究及应用	20.00
地下水保护与合理利用	32.00
多弧离子镀 Ti-Al-Zr-Cr-N 系复合硬质膜	28.00
多弧离子镀沉积过程的计算机模拟	26.00
微观组织特征性相的电子结构及疲劳性能	30.00